住房和城乡建设领域"十四五"热点培训教材

既有桩基础服役性能检测评估与工程实践

孙晓立　周治国　杨　军　著

中国建筑工业出版社

图书在版编目（CIP）数据

既有桩基础服役性能检测评估与工程实践 / 孙晓立，周治国，杨军著. -- 北京：中国建筑工业出版社，2025.6. --（住房和城乡建设领域"十四五"热点培训教材）. -- ISBN 978-7-112-31089-0

Ⅰ. TU473.1

中国国家版本馆CIP数据核字第2025T8X520号

开展既有桩基础服役性能检测与评估是实现既有桩基础科学修缮加固和安全再利用的前提条件，对推进危旧桥梁改造、城市基础设施更新和保障结构长期服役安全具有十分重要的工程意义。本书总结了作者团队近年来在既有桩基检测和评估技术领域的研究成果，详细介绍了既有桩动刚度测试方法、单孔地震波测试方法、跨孔弹性波测试方法和磁感应测试方法，以及既有桥梁桩基服役性能综合检测技术，最后通过多个详实的工程案例介绍各种方法的应用情况。

本书可供土木、水利、交通、能源等部门的勘察、设计、施工及科研人员和高等院校有关专业教师、研究生参考。

责任编辑：葛又畅
责任校对：芦欣甜

住房和城乡建设领域"十四五"热点培训教材
既有桩基础服役性能检测评估与工程实践
孙晓立　周治国　杨　军　著

*

中国建筑工业出版社出版、发行（北京海淀三里河路9号）
各地新华书店、建筑书店经销
霸州市顺浩图文科技发展有限公司制版
鸿博睿特（天津）印刷科技有限公司印刷

*

开本：787毫米×1092毫米　1/16　印张：13　字数：320千字
2025年5月第一版　　2025年5月第一次印刷
定价：58.00元
ISBN 978-7-112-31089-0
（44745）

版权所有　翻印必究
如有内容及印装质量问题，请与本社读者服务中心联系
电话：(010) 58337283　　QQ：2885381756
（地址：北京海淀三里河路9号中国建筑工业出版社604室　邮政编码：100037）

序

当前我国桥梁工程技术发展正面临"以建为主"向"建养并举"转型,技术等级为三、四类的带病桥梁达 30%,安全隐患不容忽视。统计资料表明,桥梁的灾难性破坏,绝大部分是由于桥墩基础破坏所致。"十四五"期间,交通运输部就老、旧、病、危桥梁改造行动做出了重要部署,桩基工程性能检测与评估是老旧桥梁改造、养护和修复的重要工作内容。城市更新是"十四五"规划提出的又一项国家重大战略,随着各类建(构)筑物服役年限增长,大量建筑结构和基础逐渐进入性能劣化阶段,需对其安全性和耐久性进行检测评估。与此同时,我国城市地下空间开发密度大、安全风险高,隧道掘进、深基坑开挖等工程建设活动改变了既有结构原先的服役状态,需要对邻近结构和下部基础所受影响进行分析评价。目前新建工程的桩基础完整性和承载力检测理论和技术已发展相对成熟,但对于上部结构已经建成的既有结构桩基础,常规的低应变法、超声波法和静载试验等检测技术往往难以适用。面对既有桩基础检测评估的难题和挑战,需要建立新的检测与评估理论,提出新的检测技术措施,并开发新的检测设备,这既是危旧桥梁改造、城市建设和更新领域的一项重要课题,也是对传统桩基础工程设计理论的一项创新。

孙晓立博士及其科研团队长期专注于建设工程检测行业的需求,多年来持续开展既有桩基础检测与评定技术研发。针对当前既有桩基检测和评估方法缺失的问题,研发了适用于既有桩基承载性能评估的综合测试技术,发明了配套的检测设备和分析软件,形成了既有桩基础测试理论、试验方法和技术标准,解决了既有桩基病害快速普查和承载性能评估的技术难题。该研究成果获得华夏建设科学技术二等奖,多项技术被纳入我国行业标准、地方标准和团体标准,并应用于全国多个省份百余个工程项目中,取得了良好的经济和社会效益。

《既有桩基础服役性能检测评估与工程实践》一书中,作者团队对既有桩基检测技术领域科研成果进行了较为全面深入的总结,通过数值分析、模型试验和原位测试等多种研究手段,系统论述了各类检测技术的适用范围、实施方法和评判准则,并结合丰富的工程应用案例进行了技术剖析,充分展示了近年来我国既有桩基检测技术的进步和发展,以及对工程建设行业发挥的积极作用。全书内容详实生动、循序渐进,章节编排合理、逻辑清晰,并配有大量图表,便于读者理解。相信该书的问世,对推动我国土木、交通、市政、水利、电力等领域桩基工程实践具有重要的应用价值。

中国建筑学会地基基础分会副理事长
中国土木工程学会桩基础学术委员会副主任
同济大学教授
2024.12

前　　言

既有上部结构的病害检测和性能评定技术相对比较成熟，但埋置于地下的桩基础结构的损伤和缺陷检测评定仍存在不少困难。低应变法、超声波法、高应变法等常规桩基动力测试技术，已在新建工程桩基完整性和承载性能检测方面得到成功应用，具备较为完备的理论基础，也积累了十分丰富的工程实践经验，但这些方法目前仍无法直接用于上部结构已经建成的既有桩基础的性能检测和评估。一些学者提出将旁孔透射波法、跨孔CT法和磁感应法等测试技术用于既有桩基础检测，并开展了相关的理论研究，但由于缺少现场试验数据验证，其研究结论的可靠性并未受到工程界的广泛认可，从而制约了这些方法在实际工程中的推广应用。近年来，本书作者团队围绕既有桩基检测评估这一技术难题开展系统研究，综合理论分析、数值计算、模型试验和现场实测等多种方法，深入研究既有桩基动刚度测试方法、单孔地震波测试方法、跨孔弹性波测试方法、磁感应测试方法以及既有桥梁桩基服役性能综合检测技术，基于相关研究成果编制形成了国内首部既有桩基检测和评估技术标准，并在城市桥梁、民用建筑、工业厂房等既有结构桩基础检测和评估项目中得到应用，取得了较为显著的经济和社会效益，推动了我国既有桩基检测和评估技术的发展进步。

全书共7章。第1章绪论，介绍了桩基检测相关理论与技术的研究现状，提出了本书需要解决的关键问题；第2章既有桩基动刚度测试方法研究，介绍了动刚度法的测试原理、试验设备和实施步骤，开展了既有桩基动刚度法影响因素的数值模拟分析、模型试验和现场测试；第3章既有桩基单孔地震波测试方法研究，介绍了单孔地震波法缺陷探测原理、足尺模型试验、数值分析和现场原位测试；第4章既有桩基跨孔弹性波测试方法研究，介绍了跨孔弹性波法的测试原理、射线追踪成像算法和现场测试试验；第5章既有桩基磁感应测试方法研究，介绍了磁感应法的测试原理和实施方法，开展了影响因素数值分析、足尺模型试验和现场原位测试；第6章既有桥梁桩基服役性能综合检测技术研究，介绍了既有桥梁桩基服役性能综合检测技术思路、实施步骤和各组成方法的特点，并结合2个实际工程案例说明该技术的实施效果；第7章既有桩基检测工程案例分析，选取了4个典型工程案例对本书涉及的既有桩基检测和评估方法进行应用情况说明。

在本书的撰写过程中，广州市市政工程试验检测有限公司的赵亚宇、朱思佳、卞德存、杜永潇、杨正龙、李柯柯等人参与了图表绘制、文献收集和校稿等工作，特此致谢。

目　　录

第1章　绪论 ·· 1
1.1　概述 ·· 1
1.2　国内外研究现状 ·· 2
1.2.1　桩基动力测试理论与应用研究 ······································ 2
1.2.2　既有桩基检测理论与试验研究 ······································ 4
1.3　需要解决的关键问题 ·· 5
1.4　本书主要内容 ··· 5

第2章　既有桩基动刚度测试方法研究 ······································ 7
2.1　动刚度法测试原理 ·· 7
2.2　数值参数分析 ··· 15
2.2.1　数值模型建立与验证 ·· 15
2.2.2　数值分析方案设计 ··· 17
2.2.3　数值计算结果分析 ··· 18
2.3　灌注桩动刚度模型试验 ·· 50
2.3.1　试验目的 ·· 50
2.3.2　试验设计 ·· 50
2.3.3　试验设备 ·· 52
2.3.4　基桩缺陷影响规律研究 ·· 53
2.3.5　基桩承台影响规律研究 ·· 58
2.3.6　基桩承载力与动刚度的相关性研究 ······························· 60
2.4　嵌岩管桩动刚度测试试验 ··· 62
2.4.1　试验目的 ·· 62
2.4.2　试验过程 ·· 62
2.4.3　结果分析 ·· 64
2.4.4　试验小结 ·· 64
2.5　持力层加固管桩动刚度测试试验 ······································ 65
2.5.1　试验目的 ·· 65
2.5.2　试验过程 ·· 65
2.5.3　结果分析 ·· 67
2.5.4　试验小结 ·· 68

第3章 既有桩基单孔地震波测试方法研究 … 69
3.1 单孔地震波法测试原理 … 69
3.2 大比例尺缺陷模型桩测试试验 … 72
3.2.1 试验目的 … 72
3.2.2 试验设计 … 72
3.2.3 试验方案 … 72
3.2.4 试验结果分析 … 73
3.2.5 试验小结 … 86
3.3 桩身缺陷检测的数值分析 … 86
3.3.1 数值分析目的 … 86
3.3.2 数值模型及参数 … 86
3.3.3 数值模拟工况 … 88
3.3.4 模拟结果与分析 … 89
3.3.5 分析小结 … 93
3.4 既有桩基长度探测的原位试验 … 93
3.4.1 试验目的 … 93
3.4.2 试验概况 … 93
3.4.3 试验方案 … 94
3.4.4 结果分析与讨论 … 96
3.4.5 试验小结 … 101

第4章 既有桩基跨孔弹性波测试方法研究 … 102
4.1 跨孔弹性波法测试原理 … 102
4.2 射线追踪成像算法分析 … 105
4.2.1 射线追踪算法概述 … 105
4.2.2 算法反演效果对比 … 106
4.3 现场测试试验 … 108
4.3.1 试验方案 … 108
4.3.2 试验结果分析 … 109

第5章 既有桩基磁感应测试方法研究 … 111
5.1 磁感应法测试原理 … 111
5.2 数值模型分析 … 112
5.2.1 数值模型建立 … 112
5.2.2 数值计算工况 … 114
5.2.3 结果分析与讨论 … 115
5.3 足尺模型桩试验 … 122
5.3.1 试验概况 … 122

  5.3.2 试验设计 …………………………………………………………… 122
  5.3.3 试验结果分析 ………………………………………………………… 124
 5.4 超长桩长度测试试验 …………………………………………………… 127
  5.4.1 试验设计 …………………………………………………………… 127
  5.4.2 测试结果分析 ………………………………………………………… 128
 5.5 嵌岩桩长度测试试验 …………………………………………………… 130
  5.5.1 试验设计 …………………………………………………………… 130
  5.5.2 测试结果分析 ………………………………………………………… 131

第6章 既有桥梁桩基服役性能综合检测技术研究 ……………………………… 132

 6.1 既有桥梁桩基服役性能综合检测与评估方法 ………………………… 132
  6.1.1 评估方法总体思路 …………………………………………………… 132
  6.1.2 动刚度法普查 ………………………………………………………… 132
  6.1.3 钻孔低应变法测试 …………………………………………………… 134
  6.1.4 钻芯检测与孔内测试 ………………………………………………… 137
 6.2 工程应用：特大桥桩基承载性能检测 ………………………………… 139
  6.2.1 工程概况 …………………………………………………………… 139
  6.2.2 桥桩初步分析方案 …………………………………………………… 140
  6.2.3 初步试验结果分析 …………………………………………………… 140
  6.2.4 桥桩大规模检测 ……………………………………………………… 155
  6.2.5 测试结果分析 ………………………………………………………… 157
  6.2.6 应用效果评价 ………………………………………………………… 166
 6.3 工程应用：市政互通立交桥梁桩基结构损伤检测 …………………… 166
  6.3.1 工程概况 …………………………………………………………… 166
  6.3.2 检测和评估方案 ……………………………………………………… 167
  6.3.3 结果分析与讨论 ……………………………………………………… 168
  6.3.4 应用效果评价 ………………………………………………………… 174

第7章 既有桩基检测工程案例分析 ……………………………………………… 175

 7.1 案例1：主城区跨线桥大修旧桩再利用性能检测 ……………………… 175
  7.1.1 工程概况 …………………………………………………………… 175
  7.1.2 检测方案 …………………………………………………………… 175
  7.1.3 结果分析与讨论 ……………………………………………………… 177
  7.1.4 应用效果评价 ………………………………………………………… 179
 7.2 案例2：跨线桥拓宽工程既有桩基专项检测 …………………………… 180
  7.2.1 工程概况 …………………………………………………………… 180
  7.2.2 检测方案 …………………………………………………………… 181
  7.2.3 结果分析与讨论 ……………………………………………………… 182
  7.2.4 应用效果评价 ………………………………………………………… 186

7.3 案例3：厂房建筑既有桩基验收检测 186
 7.3.1 工程概况 186
 7.3.2 检测实施情况 186
 7.3.3 结果分析与讨论 188
 7.3.4 应用效果评价 190

7.4 案例4：地铁下穿区域老旧建筑既有桩基检测 190
 7.4.1 工程概况 190
 7.4.2 检测实施情况 191
 7.4.3 结果分析与讨论 192
 7.4.4 应用效果评价 194

参考文献 195

第1章 绪论

1.1 概述

"十三五"期间,全国共投入资金697亿元,改造危桥3.4万座。2020年底,交通运输部印发《关于进一步提升公路桥梁安全耐久水平的意见》,为"十四五"期间公路危旧桥梁改造行动提出新的目标:到2025年,基本完成2020年底存量危桥改造,实现全国高速公路一类、二类桥梁比例达95%以上,普通国省干线公路一类、二类桥梁比例达90%以上。我国很多既有桥梁是在早期建造,设计标准低、施工质量粗糙、桩基检验率低,许多桩基完成后并没有经过严格的质量检验。桥梁的原始设计、施工图纸更是由于历史原因大部分不全或者完全丢失,桥梁上部结构经过后期调查、检定,可新建或完善相应技术资料,能够满足日常运营和养护需求。但仍有相当一部分墩台桩基因无法挖验和钻探,建立不了技术档案,长期处于未知状态,依靠传统桩基检测手段难以评估其病害状态。

根据住房和城乡建设部统计数据,我国既有建筑总面积已达到600多亿m^2,其中有超过110亿m^2以上的旧住宅需要进行更新和改造。我国建筑业已经开始从大规模的新建时期迈向现代化的既有建筑加固和改造时期。在地震、台风等自然灾害中,建成时间较长的旧建(构)筑物容易发生破坏,一旦基础出现损伤,后果将非常严重。对于一些古老、有纪念意义的建(构)筑物,也需要对其桩基础的质量状况作出评估。对于海滨城市以及港口码头,由于使用荷载和恶劣海洋环境的作用,桩基础的耐久性破坏问题十分突出,服役一段时间后也要评估桩基的完整性。对于一些建成不久的建(构)筑物,地基变形过大引起较严重的建筑沉降、开裂时,也需要对其下部基础重新进行检测(图1.1-1)。

(a) 地震作用引发桥梁桩基破坏

(b) 冲刷侵蚀导致桩基截面减小

图 1.1-1 建(构)筑物桩基变形和破坏实例(一)

(c) 侧向荷载导致桩基变形破坏

图 1.1-1 建（构）筑物桩基变形和破坏实例（二）

从结构防灾和减灾的角度考虑，当既有建（构）筑物桩基础的设计或施工记录难以查询、结构使用荷载要求提高，或在地震等不利外部因素作用后，研发一种能够准确检验和评估既有桩基服役性能的无损检测技术，科学、有效地指导加固维修工作，对保证既有结构物长期使用安全具有十分显著的工程应用价值。

1.2 国内外研究现状

1.2.1 桩基动力测试理论与应用研究

桩基动力测试已经有 100 多年的历史。近代动测技术是以应力波理论为基础发展起来的，20 世纪 30 年代，应力波理论开始在国外应用于打桩分析，至 60 年代，Smith 提出在桩基中应用波动方程的差分数值解法，使波动方程打桩分析进入实用阶段（刘世明，2016）。目前桩基动力测试方法主要有声波透射法、低应变法、高应变法和动刚度法。

（1）声波透射法

声波透射法是在桩基灌注前预埋声测管，利用换能器在声测管之间发射和接收声波，通过分析声波在混凝土介质中传播的声时、频率及波幅等声学参数的变化，来判断桩身完整性的检测方法。近年来，声波透射法的检测设备与数据处理手段不断优化，检测精度得到提升。宋人也（2006）提出阴影重叠法，使声波透射法可以更直观地分析判断缺陷范围。韩亮（2007）提出相对能量判别法，解决了声测管不平行和发射、接收换能器不能保持同一水平高度的问题。张杰（2009）研发了智能化超声波 CT 检测系统，将检测结果由一维数据扩展到二维视图，从而更好地反映基桩的缺陷情况。魏奎烨（2019）通过频率域测点能量统计法计算波形畸变系数和畸变系数临界值，使用频谱及小波包分析技术研究桩基的完整波形和畸变波形，解决了波形畸变系数无法定量计算的难题。声波透射法不受桩长和桩身缺陷数量的影响，能较准确地评判两声测管间桩身的完整性，但难以检测桩底沉渣厚度和桩身细微水平裂缝，同时，由于声测线无法覆盖整个桩身截面，存在检测盲区。

（2）低应变法

低应变法是采用低能量瞬态或稳态激振方式在桩顶激振，实测桩顶部的速度时程曲线或速度导纳曲线，通过波动理论分析或频域分析，对桩身完整性进行判定的检测方法。不少学者针对低应变检测的理论和应用开展深入研究，取得了一些有价值的成果。Chow 等（2003）发现传感器与激振点的距离大于 1/2 桩基半径时，反射波对测试结果的影响较小。王昆伟（2013）发现低应变测试的核心在于频率是否匹配，明确了低应变法的适用范围。胡新发等（2013）通过现场试验得出灌注桩下部缺陷段平均波速计算公式，并证明了该公式能正确反映桩身的实际纵波速度和桩身缺陷的实际位置。荣垂强等（2016）通过试验与数值计算发现，低应变三维干扰最小点位置主要受桩身混凝土泊松比影响，与桩径、桩长、桩身混凝土弹性模量、土层剪切波速等关系较小。赵爽等（2021）开展模型试验和数值模拟，发现在桩身近平台处进行激振和速度采集时，较易识别桩底和桩身缺陷处的反射，同时验证了低应变法检测高承台桩基缺陷的可行性。低应变法操作便捷、检测效率高、费用低，但地层条件复杂、缺陷程度轻时难以对桩基完整性作出准确评判。

（3）高应变法

高应变法是给桩顶施加一个冲击力，使桩产生足够的贯入度，通过分析桩身质点应力和加速度响应，判定桩基承载力和桩身完整性的检测方法。我国在高应变法方面开展了一系列卓有成效的科研工作。陈凡（1990）改进了 CAPWAPC（美国 PDI 高应变拟合程序）的计算模型，在模型中考虑了土的加工硬化或软化性质。闫澍旺等（2003）分别采用双曲线模型、理想弹塑性模型描述桩周土体和桩端土体的静阻力特性，对海洋桩基平台的高应变测试进行了数值分析。陈久照（2007）研究了锤重、落距、桩垫刚度等因素对桩基承载力检测结果的影响，得到了高应变动力测试的最佳参数设置。高炳鑫等（2010）通过桩基实测发现，采用波动方程计算预制桩的承载力时，由于拟合参数的取值范围较大，计算结果具有多解性。涂园等（2021）提出将虚土桩模型用于桩底土体的动态计算及高应变分析，可以更真实地模拟高应变动力条件下的桩-土作用。高应变法的锤击能量大，通过实测力和速度时程曲线能够较好地评判桩身完整性，但其检测效率低、费用高，不适合大规模普查。

（4）动刚度法

动刚度法是通过测定桩基在瞬态激励下的速度信号，进行变时基传函分析得出动刚度，从而确定桩基弹性阶段容许承载力的无损检测方法。自 20 世纪 80 年代起，我国许多专家学者开始将动刚度法用于桩基承载性能评估，并不断完善其分析理论。蒋泽汉（1984）通过分析随振动频率变化的响应曲线来评估桩基的混凝土质量及完整性，并估算桩基的承载能力。韩晓林（1989）提出了计算单桩承载力的附加质量法，利用动态试验处理求得单桩抗压刚度，进而计算单桩临界荷载。羊建勋（1994）依据基桩振动的弹性模型和模态分析理论提出了三种确定桩土系统等效刚度的方法。张维维（2009）对桩身动刚度值的影响因素展开研究，发现了缺陷位置对桩身动刚度的影响规律。周乃明（2015）结合现场试验与数值模拟，对动刚度法在桩基完整性和承载力判定中的应用进行了研究。与其他动测方法相比，动刚度法的测试理论相对复杂，对试验设备的性能要求较高，影响了该方法在桩基检测工程中的应用。

综上可知，桩基础动测理论和测试技术的发展已十分成熟，可以根据工程要求和现场条件选取合适的检测方法，但这些方法主要还是用于新建桩基检测，用于既有桩基检测可能产生较大误差。例如，声波透射法无法检测与上部结构连接的既有桩基，低应变法的应力波会在桩与承台界面发生多次反射和折射，动刚度法没有考虑承台和上部结构对测试结果的影响。

1.2.2 既有桩基检测理论与试验研究

自20世纪90年代起，国内外学者开始了既有桩基础的检测和评估研究，从多个角度对比分析了钻孔雷达法、磁感法、旁孔透射波法等方法的应用效果，证实旁孔透射波法在既有桩基检测方面具有较大优势。旁孔透射波法是在与桩相连的基础侧面激振，在基桩旁注满水的测孔内悬挂检波器接收透射波信号，根据地震波的首至时间与深度关系确定桩身及地基土波速和桩长的检测方法。许多学者针对旁孔透射波法检测桩长开展研究，取得了较丰富的理论成果。Liao（2006）提出由两拟合线交点及相应的校正算式确定桩底深度，并用有限元模型进行检验。黄大治（2008）通过三维有限元模拟分析了旁孔透射波法检测水泥搅拌桩和顶部带承台的既有工程桩长度的可行性，提出将上段首至波走时拟合线平移过原点，将其与下段拟合线的交点作为桩底深度。Ni（2011）给出了考虑旁孔倾斜角的桩底深度校正算式。陈龙珠（2010）综述了旁孔透射波法研究的阶段性成果，并给出了完整桩的底端深度计算公式和适用条件。张敬一（2018）采用桩-土简化理论模型分析桩底深度确定方法的理论基础和分析误差，明确了3种旁孔透射波法桩底深度确定方法的适用性及适用条件。Sack（2004）利用动力触探设备联合开展地基土特性和桩长的旁孔透射波法检测。Lo（2009）系统介绍了旁孔透射波检测技术的仪器系统和测试方法，并对桥柱基础底端埋深进行检测。吴宝杰（2009）采用联合磁法和旁孔透射波法检测桩长和钢筋笼长度，对比分析两种方法的测试效果。Huang（2012）分析了预制管桩顶部连接承台前后旁孔透射波法的测试结果，发现桩顶覆盖承台前后均能较好地确定桩底深度。

对于既有建（构）筑物基础的检测与评估来说，准确评价桩身是否存在缺陷或损伤往往比推测桩长更加重要。目前既有桩基缺陷识别方面鲜见研究报道，少数学者在理论方面进行了初步探讨。Liao（2006）利用有限元模型模拟分析了缩径、扩颈段对旁孔透射波法PP波时深关系的影响。杜烨（2013）利用射线理论建立了桩身具有一段缺陷条件下的PP波时间-深度关系计算公式，提出了桩底和缺陷深度、缺陷段长度及其P波速度的确定方法。吴君涛（2019）建立了考虑桩周土三维轴对称振动的缺陷桩-成层土耦合计算模型，分析了不同缺陷条件下桩周土的振动响应规律。个别学者通过现场试验研究了旁孔透射波法对桩基缺陷的探测效果。Huang（2012）对单节缺陷预制管桩完整性检测开展了旁孔透射波和低应变法对比测试，发现旁孔透射波在桩身缺陷识别方面存在一定难度。Groot（2014）开展了缩尺缺陷模型桩测试试验，认为场地土层性质、桩-孔测试距离等因素对桩身结构缺陷识别结果的影响较大。杨军（2021）开展了大比例尺模型桩平行地震波测试试验，证实该方法能识别桩身的严重缺陷，但桩-孔距离增大将增加桩长和缺陷判别的难度。

旁孔透射波检测桩基完整性的理论研究多数建立在桩顶自由这一简化假定的基础之上，这与既有桩基顶部与上部结构刚接的情况明显不符，另外计算采用的地层条件过于简单，未考虑土体刚度和波速沿深度变化的影响，理论成果的适用性尚未经过试验验证。另外，试验研究采用的模型桩尺寸普遍偏小，桩身完整性测试结果能否指导实际工程检测仍需开展深入研究。最后，既有桩基检测现场通常会遇到场地空间和结构安全等因素的影响，很难靠近待检桩基进行测试，场地岩土体性质必然会对测试结果产生影响，较大测试间距下的桩长和完整性分析理论也有待建立。

1.3 需要解决的关键问题

随着我国地震频发地区新建工程数量日益增多、早期建成结构物的服役年限不断增长以及城市既有建筑（桥梁）更新改造要求的提出，对既有桩基服役状况检测与评估的需求愈加迫切。目前，我国既有桩基检测的机理研究和技术应用远远不足，导致许多建筑物和桥梁在遭遇强烈地震、地基大变形和邻近施工扰动等不利工况作用后，其桩基础的状态难以得到科学评估。出于安全性考虑，通常耗费巨资采取偏于保守的基础和结构加固措施。因此，只有对既有桩基检测与评估技术这一问题开展深入系统的研究，才能有效减少上述不合理情况的发生，保证既有桩基结构安全的同时节约不必要的工程费用。既有桩基工程性能检测和评估需重点解决以下三方面问题：

（1）既有上部结构的病害检测和质量评定技术已比较成熟，对于基础资料遗失或不全、基础设计和施工情况未知的情况，如何快速准确地检测地下基础类型、评定基础状况仍存在不少困难。

（2）动刚度法、低应变法和高应变法等桩基动力测试技术已在新建桩基完整性和承载力检测方面得到应用，各类方法的理论基础也比较完备，但能否直接用于既有桩基检测和性能评定仍需进行深入分析和探讨。

（3）旁孔透射波、跨孔弹性波和磁感应等测试方法的实施不需要在桩身成孔，对桩基结构完全无损，理论上非常适用于既有桩基完整性检测，但实际应用时结果评判易受场地土层性质影响，有必要进一步研究考虑地层因素影响的既有桩基完整性检测和评价方法。

1.4 本书主要内容

针对既有桩基础服役性能检测与评估的技术难题，本书作者在广州市建筑集团有限公司科技计划项目（2021-KJ052、2021-KJ054、2023-KJ058）的资助下，综合运用理论分析、数值仿真、模型试验和现场测试等多种手段，分析各类测试方法对既有桩基检测的适用性，开发了面向实际工程应用的既有桩基服役性能检测与评估成套技术。全书主要内容包括：

（1）既有桩基动刚度测试方法研究。首先介绍桩基动刚度测试的数学原理，然后通过动力有限元法模拟带承台桩基动刚度测试试验，分析桩身缺陷、激振位置和岩土体性质等因素对桩基动刚度的影响，接着开展灌注桩和预制管桩动刚度原位测试试验验证，明确动刚度法现场测试时应注意的问题，为动刚度法检测既有桩基承载性能的实际应用提供参考。

（2）既有桩基旁孔透射波测试方法研究。采用数值模拟分析、大比例尺模型试验和现场原位测试等多种方法，研究旁孔透射波法检测既有结构桩基完整性的测试机理，分析桩身结构缺陷和损伤对地震波振幅的影响，揭示地震波在结构-桩基-土体中的传递规律，通过现场试验验证上部结构、桩-孔间距和激振方式等因素对桩长和完整性结果评判的影响，并给出旁孔透射波法用于既有桩基完整性检测的工程应用建议。

（3）既有桩基跨孔弹性波测试方法研究。提出基于跨孔弹性波测试的既有桩基完整性检测方法，介绍该方法的测试原理和数据处理算法，对比三种射线模型（平直线模型、弯曲直线模型和胖射线模型）在桩身波速反演和完整性分析方面的处理效果和计算效率，依托桩基持力层土体加固试验验证跨孔弹性波法用于桩-土波速分析和质量评估的可行性，为该方法的实际工程应用提供建议。

（4）既有桩基磁感应测试方法研究。首先采用数值方法建立桩基-土体-承台多场耦合模型，分析桩身钢筋布置、测试间距、桩长和上部结构等因素对磁感应法测试结果的影响，明确磁感应法检测既有桩基钢筋笼长度（桩长）的工作原理和适用范围，并通过现场测试试验和工程应用案例进行验证，最后给出磁感应法检测既有桩基长度的工程应用建议。

（5）既有桩基服役性能综合检测与评估。提出采用动刚度法进行普查，采用钻芯法、钻孔低应变法和承载力验算法等进行验证的既有桥梁桩基服役性能综合检测方法。首先介绍该综合检测与评估方法的总体思路和操作步骤，再详细介绍各主要测试方法的技术特点，明确各种方法的选用原则，最后依托两个实际桥梁维修加固案例验证该综合检测与评估方法的应用效果。

（6）既有桩基检测工程案例分析。依托实际项目开展既有桩基检测技术的工程应用，基于实测波形曲线对桩基长度和完整性进行判别分析，阐明本书所述旁孔透射波法、跨孔弹性波法等无损测试方法在既有桩基长度和完整性检测方面的适用性。

第2章
既有桩基动刚度测试方法研究

作为一种较成熟的结构损伤诊断和承载性能评估方法，动刚度法已在机械结构和土木结构的动态特性分析领域得到应用。桩基承载力是整个桩-土系统对上部结构承载能力的综合反映，包含强度和变形两部分内容。当系统承载力由强度控制时，动刚度与强度之间不存在直接的对应关系。但当系统承载力由变形控制时，桩顶瞬态激振产生的土体动应变处于弹性变形范围，动刚度能够反映桩-土系统的动力特性。对于桩顶与上部结构相连的既有桩基，难以通过静载试验或高应变法对其竖向承载性能进行检测和评定。动刚度法用于既有桩基承载力评估，需要解决以下两个关键问题：①激振力性质、拾振点位置、频率选取等对动刚度值的影响尚不明确；②依靠经验法选取动静对比系数存在较大的随意性，推算的桩基承载力可信度偏低。

本章首先简要介绍桩基动刚度测试的数学原理，然后通过动力有限元法模拟带承台桩基动刚度测试试验，分析桩身缺陷、激振位置和岩土体性质等对桩基动刚度的影响，接着开展灌注桩和预制管桩动刚度原位测试试验，明确动刚度法现场测试时应注意的问题，为动刚度法评估既有桩基承载性能的实际应用提供指导。

2.1 动刚度法测试原理

桩基动刚度测试通过测定施加于桩基的激振力和该激励下的动态响应识别桩基的动态特性，由于桩基的动态特性与桩身完整性及桩-土相互作用特性密切相关，通过分析桩基的动态特性，可以估计桩身混凝土的缺陷类型和缺陷位置。此外，还可以根据速度导纳曲线获得桩基的动刚度，并依据相关理论方法估算桩基的竖向承载力。根据激振和分析技术的特点，动刚度法分为稳态机械阻抗法和瞬态机械阻抗法。

稳态机械阻抗法是对桩顶施加一个幅值恒定、频率可变的简谐激振力，在试验频率范围内逐个频率激振。该方法的优点包括单频激振力集中、谐波失真小、带宽控制方便、精度高、能较好地反映被测系统的非线性等，所以容易识别桩基的动态特性，但该方法存在试验周期长、需悬挂动力设备等不足。瞬态机械阻抗法是用力锤垂直敲击桩顶，作用于桩顶的瞬态冲击力在时域里是一个作用时间较短而能量极高的半正弦力脉冲，在频域里这一冲击能量包含丰富的频率成分。该方法具有仪器轻便、操作简单、效率高等优点，但响应信号中随机噪声的干扰较大，试验现场环境噪声对结果的影响不可忽视。瞬态机械阻抗法的现场实施效率较高，更适合既有桩基检测现场环境，故着重对瞬态机械阻抗法进行介绍。

对于理想的桩基（桩身完整、截面均匀，桩周土的摩擦支承刚度和桩端土的压缩刚度均小于桩身材料的压缩刚度),在桩顶经受频率由低至高的正弦稳态竖向激励时,桩体的振动首先在较低频率发生,桩体以刚体运动为主,并出现第一阶共振频率,简称基频。随着激励频率的增大,桩体内发生纵向拉伸和压缩变形,即形成桩身波动,桩顶振幅将依次出现多个峰值,对应的频率依次为二阶、三阶……n 阶共振频率。瞬态机械阻抗法使用力锤敲击,一次敲击可以激发出桩的基频及各阶共振频率。对于施工过程中出现质量缺陷(如断裂、夹泥、扩径、缩径、混凝土离析等)的桩,其桩-土系统可视为有限多自由度系统。假定这有限个自由度的共振频率能够分离,在考虑每一阶共振时可将系统视作单自由度系统,故在测试频率范围内能够依次激发出各类缺陷对应的共振频率。桩越粗短,桩端土的支承刚度越小,越容易发生刚体运动,桩身波动只有在较高的频率才出现。反之,桩越细长,或桩端底支承在坚硬的岩层上,支承刚度极大,则可能只有波动而不发生刚体运动。

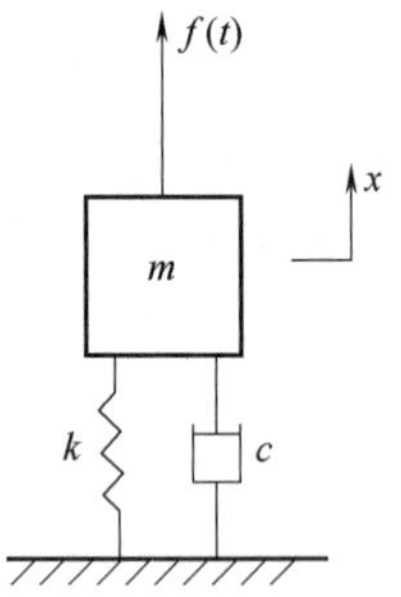

当激振频率很低,桩体以刚体运动为主时,桩-土系统可简化成如图 2.1-1 所示的单自由度模型。m 表示桩身质量,弹簧刚度 k 和阻尼系数 c 分别代表桩周土对桩侧和桩端的综合支承刚度和综合阻尼作用,$f(t)$ 是作用在桩顶的激振力。

设 u、$\dot{u}$ 和 $\ddot{u}$ 分别为 $f(t)$ 作用所产生的位移、速度和加速度响应,则系统的运动微分方程见式(2.1-1):

$$m\ddot{u}+c\dot{u}+ku=f(t) \qquad (2.1\text{-}1)$$

将激振力和响应都用复数表示[式(2.1-2)]:

$$\left.\begin{array}{l}f(t)=Fe^{j\omega t}\\ u=Ue^{j\omega t}\end{array}\right\} \qquad (2.1\text{-}2)$$

图 2.1-1 瞬态机械阻抗法低频振动桩-土模型

$\dot{u}$ 和 $\ddot{u}$ 可分别表示为[式(2.1-3)]:

$$\left.\begin{array}{l}\dot{u}=j\omega Ue^{j\omega t}=Ve^{j\omega t}\\ \ddot{u}=-\omega^2 Ue^{j\omega t}=Ae^{j\omega t}\end{array}\right\} \qquad (2.1\text{-}3)$$

将式(2.1-1)、式(2.1-2)代入式(2.1-3)得到式(2.1-4):

$$\left(c+j\omega m+\frac{k}{j\omega}\right)V=F \qquad (2.1\text{-}4)$$

根据阻抗和导纳的定义,速度阻抗为[式(2.1-5)]:

$$Z_V(\omega)=\frac{F(\omega)}{V(\omega)}=c+j\omega m+\frac{k}{j\omega} \qquad (2.1\text{-}5)$$

速度导纳为[式(2.1-6)]:

$$Y_V(\omega)=\frac{1}{Z_V(\omega)}=\frac{1}{c+j\omega m+\dfrac{k}{j\omega}} \qquad (2.1\text{-}6)$$

由式(2.1-5)和式(2.1-6)计算速度导纳的幅值、相位、实部和虚部如式(2.1-7)~式(2.1-10)所示:

$$|Y_V(\omega)|=\frac{\omega}{\sqrt{(k-\omega^2 m)^2+(mc)^2}}=\frac{\omega}{k\sqrt{(1-\lambda^2)^2+(2\lambda\zeta)^2}} \qquad (2.1\text{-}7)$$

$$\varphi'=\arctan\frac{k-\omega^2 m}{\omega c}=\arctan\frac{1-\lambda^2}{2\lambda\zeta} \qquad (2.1\text{-}8)$$

$$(Y_V)_{\text{Re}} = \frac{c}{c^2 + \left(\frac{k}{\omega} - \omega m\right)^2} = \frac{2\lambda\zeta}{\frac{k}{c}\left[(1-\lambda^2)^2 + (2\lambda\zeta)^2\right]} \quad (2.1\text{-}9)$$

$$(Y_V)_{\text{Im}} = \frac{\frac{k}{\omega} - \omega_n}{c^2 + \left(\frac{k}{\omega} - \omega m\right)^2} = \frac{1-\lambda^2}{\frac{k}{c}\left[(1-\lambda^2)^2 + (2\lambda\zeta)^2\right]} \quad (2.1\text{-}10)$$

式中：λ 为频率比，$\lambda = \omega/\omega_n$；$\omega_n$ 为无阻尼固有频率，$\omega_n = \sqrt{k/m}$；ζ 为阻尼比，$\zeta = c/(2m\omega)_n$。

按式（2.1-7）和式（2.1-8）绘出桩在低频激励下速度导纳的幅频曲线和相频曲线，如图 2.1-2 所示。

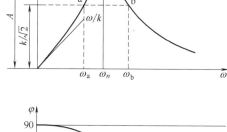
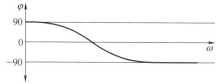

从图中可以看出速度导纳曲线有如下特性：

(1) 当 $\omega \to 0$ 时，$|V/F| \to 0$，曲线通过原点。

(2) 图中 ω/k 线是坐标原点处导纳曲线的切线，该线斜率的倒数就是桩的动刚度 K_d。

(3) 由振动理论可知，在导纳曲线上可找到 a、b 两个半功率点，利用 ω_a、ω_b、ω_n 即可按式（2.1-11）计算阻尼比 ζ。

图 2.1-2 速度导纳的幅频曲线和相频曲线

$$\zeta = \frac{\omega_b - \omega_a}{2\omega_n} = \frac{f_b - f_a}{2f_n} \quad (2.1\text{-}11)$$

(4) 当 $\omega = \omega_n$（谐振）时，激振力与速度响应的相位差为 0。

高频激振下桩体出现波动性态，分析的基础是桩体纵向振动的一维波动方程。为简化考虑，忽略桩周土的阻尼作用，仅用一个作用于桩端的支承刚度为 k 的弹簧表示桩周土对桩的综合支承作用。在桩顶施加简谐激振力 $f(t) = Fe^{j\omega t}$，如图 2.1-3 所示，坐标原点在桩顶。

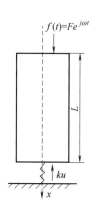

设波动方程 $\dfrac{\partial^2 u}{\partial x^2} = \dfrac{1}{c^2}\dfrac{\partial^2 u}{\partial t^2}$ 的解如式（2.1-12）所示：

$$u(x,t) = X(x)e^{j\omega t} \quad (2.1\text{-}12)$$

式中：$X(x)$ 为桩的振型函数。将式（2.1-12）代入波动方程 $\dfrac{\partial^2 u}{\partial x^2} = \dfrac{1}{c^2}\dfrac{\partial^2 u}{\partial t^2}$，得到振型函数的微分方程如式（2.1-13）所示：

$$\frac{d^2 X}{dx^2} = \left(\frac{\omega}{c}\right)^2 X \quad (2.1\text{-}13)$$

设式（2.1-13）的解为式（2.1-14）：

$$X(x) = A_1 \sin\frac{\omega}{c}x + A_2 \cos\frac{\omega}{c}x \quad (2.1\text{-}14)$$

图 2.1-3 机械阻抗法高频振动桩-土模型

则式（2.1-12）可写成式（2.1-15）：

$$u(x,t) = \left(A_1 \sin\frac{\omega}{c}x + A_2 \cos\frac{\omega}{c}x\right)e^{j\omega t} \quad (2.1\text{-}15)$$

A_1、A_2 由下列边界条件 [式（2.1-16）] 确定：

$$\left. \begin{aligned} EA\frac{\partial u}{\partial x}\Big|_{x=0} &= Fe^{j\omega t} \\ EA\frac{\partial u}{\partial x}\Big|_{x=l} &= -ku\Big|_{x=l} \end{aligned} \right\} \quad (2.1\text{-}16)$$

将式（2.1-15）代入式（2.1-16）得到式（2.1-17），注意求导时式（2.1-16）中的 $e^{j\omega t}$ 可视作常数项。

$$\left. \begin{aligned} A_1 &= \frac{Fc}{EA\omega} \\ A_2 &= \frac{Fc}{EA\omega}\frac{\frac{EA\omega}{kc} + \tan\frac{\omega l}{c}}{\frac{EA\omega}{kc}\tan\frac{\omega l}{c} - 1} \end{aligned} \right\} \quad (2.1\text{-}17)$$

由式（2.1-17）可得到桩顶处的位移和速度如式（2.1-18）所示：

$$\left. \begin{aligned} u(0,t) &= A_2 e^{j\omega t} \\ u'(0,t) &= A_2 j\omega e^{j\omega t} \end{aligned} \right\} \quad (2.1\text{-}18)$$

考虑到 $E = \rho c^2$，则桩顶的速度导纳幅值如式（2.1-19）所示：

$$Y_V = \frac{|u'(0,t)|}{|Fe^{j\omega t}|} = \frac{1}{\rho cA}\frac{\frac{EA\omega}{kc} + \tan\frac{\omega l}{c}}{\frac{EA\omega}{kc}\tan\frac{\omega l}{c} - 1} \quad (2.1\text{-}19)$$

按式（2.1-19）可绘出桩在高频激励下的导纳曲线。考虑两种极端情况时的速度导纳曲线如图 2.1-4 和图 2.1-5 所示，图 2.1-4 是 $k \to 0$ 时的导纳曲线，相当于桩端支承在非常软的土层上。图 2.1-5 是 $k \to \infty$ 时的导纳曲线，相当于桩端支承在非常坚硬的岩层上。

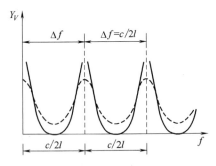

图 2.1-4 $k \to 0$ 时的桩基速度导纳幅频曲线

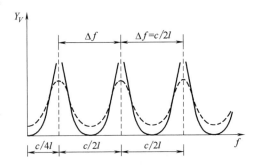

图 2.1-5 $k \to \infty$ 时的桩基速度导纳幅频曲线

（1）$k \to 0$，相当于桩端支承在非常软的土层上，式（2.1-19）可改写为式（2.1-20）：

$$Y_V = \frac{1}{\rho cA}\cot\frac{\omega l}{c} \quad (2.1\text{-}20)$$

分析式（2.1-20）可得式（2.1-21）和式（2.1-22）：

$$f_i = \frac{\omega_i}{2\pi} = \frac{ic}{2l} \text{时}, Y_V = \infty \ (i=1,2,3\cdots) \qquad (2.1\text{-}21)$$

$$f_i = \frac{(2i-1)c}{4l} \text{时}, Y_V = 0 \ (i=1,2,3\cdots) \qquad (2.1\text{-}22)$$

由图 2.1-4 可以看出，导纳曲线的第一阶谐振频率 $f_1 \to 0$，各阶谐振频率的频差相等，即 $\Delta f = c/(2l)$。

（2） $k \to \infty$，相当于桩端支承在坚硬的岩层上（如端承桩），式（2.1-19）可改写为式（2.1-23）：

$$Y_V = \frac{1}{\rho c A} \tan \frac{\omega l}{c} \qquad (2.1\text{-}23)$$

分析式（2.1-23）可得式（2.1-24）和式（2.1-25）：

$$f_1 = \frac{\omega_i}{2\pi} = \frac{ic}{2l} \text{时}, Y_V = 0 \ (i=1,2,3\cdots) \qquad (2.1\text{-}24)$$

$$f_i = \frac{(2i-1)c}{4l} \text{时}, Y_V = \infty \ (i=1,2,3\cdots) \qquad (2.1\text{-}25)$$

由图 2.1-5 可以看出，导纳曲线的第一阶谐振频率出现在 $f_1 = c/(4l)$ 处，各阶谐振频率的频差与两端自由的桩相同，即 $\Delta f = c/(2l)$。

在式（2.1-20）和式（2.1-23）中，若令 $\frac{\omega l}{c} = \frac{\pi}{4}$，即 $\tan \frac{\omega l}{c} = \cot \frac{\omega l}{c} = 1$，则有式（2.1-26）：

$$Y_V = \frac{1}{\rho c A} N \qquad (2.1\text{-}26)$$

式中：N 为理论平均导纳或特征导纳。

由于存在桩周土及桩身材料阻尼，桩-土系统达到谐振时的速度导纳值不可能出现无穷大和零，在较高的激励频率下，工程桩实测导纳曲线的大致形状应该如图 2.1-4 和图 2.1-5 中虚线部分所示。此外，由于工程桩是支承在具有一定压缩性的弹性地基上的，其基频也应该介于以上两种极端情况之间，即 $0 < f_1 < c/(4l)$。

综上，当在一根理想完整桩的桩顶施加简谐荷载进行稳态扫频激振时，导纳曲线如图 2.1-2 所示。随着激振频率的提高，桩身开始出现波动效应，且桩身运动以逐渐波动为主，导纳曲线如图 2.1-4、图 2.1-5 所示。因此理想桩的速度导纳曲线应该是图 2.1-2、图 2.1-4、图 2.1-5 的组合，组合结果如图 2.1-6 所示。

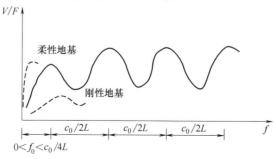

图 2.1-6　理想完整桩的速度导纳曲线

工程桩的速度导纳曲线反映了桩-土系统的动力特性，导纳曲线的特征与桩身尺寸、桩身材料参数及桩周土的支承条件密切相关，所以导纳曲线可以作为判断基桩质量的依据。因此，在相近地层环境下，相同形式桩基的动刚度与承载力具有正相关性，可通过动刚度值大小推断其相对承载力的大小。已有研究成果表明，对于承受设计荷载水平相近的桥桩，采用动刚度法评估桥桩完整性的可信度较高，测试动刚度值越低，桥桩出现缺陷的可能性越高且缺陷严重程度越高。现场测试时，在桩顶布置力传感器和低频速度传感器，为减少测试和分析误差，对落锤高度、拾振点位置进行统一操作，如图 2.1-7 所示。

动刚度法的主要分析参数有：

(1) 频差 Δf [式 (2.1-27)]

$$L = \frac{c}{2\Delta f} \quad (2.1\text{-}27)$$

式中：L 为实测桩长（m）；c 为纵波在桩身混凝土中的传播速度（m/s）；Δf 为导纳曲线上两个相邻波峰（或波谷）之间的频率差（Hz）。

式 (2.1-27) 用以计算桩长 L，若桩身存在缺陷，则用式 (2.1-28) 计算缺陷距桩顶的距离：

$$L' = \frac{c}{2\Delta f'} \quad (2.1\text{-}28)$$

式中：L' 为缺陷距桩顶的距离（m）；$\Delta f'$ 为缺陷谐振峰的频差（Hz）。

根据 Δf 计算的桩长 L 比设计长度短得多时，桩身可能出现大的缺陷或断裂。这是由于桩身有大

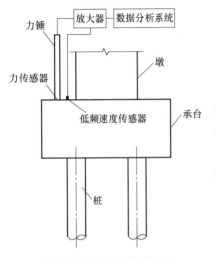

图 2.1-7 既有桩动刚度现场测试示意图

的缺陷或断裂时，波动只在桩断裂位置以上的范围内传播。这样测出的 L 值即为缺陷距桩顶面的距离。当桩身断面局部扩大（鼓肚）时，由坚硬侧向土引起的再向下传播的信号大幅度衰减，大部分信号被反射回来，波动的传播基本只在鼓肚的下底面和桩顶之间，此时测得的桩长也比较短。

采用式 (2.1-27)、式 (2.1-28) 计算桩长或缺陷位置时，必须对纵波在桩身混凝土中的传播速度 c 作出估计，通常可根据参考桩（即已知桩长的完整桩）来估计，或者取为同一场地、同一桩型、同一施工工艺的大量桩的平均波速 c_m，c_m 可由式 (2.1-29)、式 (2.1-30) 计算得到。

$$c_m = \frac{1}{n}\sum_{i=1}^{n} c_i \quad (2.1\text{-}29)$$

$$c_i = 2L\Delta f \quad (2.1\text{-}30)$$

式中：c_m 为桩身波速的平均值（m/s）；c_i 为第 i 根受检桩的桩身波速值（m/s），且 $|c_i - c_m|/c_m \leq 5\%$；Δf 为幅频曲线上桩端相邻谐振峰间的频差（Hz）；n 为参与波速平均值计算的基桩数量（$n \geq 5$）。

与同条件的其他桩相比，若 c 值偏小，则表明混凝土质量不佳，可能出现离析、强度低、密实度低等缺陷。

(2) 导纳曲线的几何平均值 N_m（测量值）[式（2.1-31）]

$$N_m = \sqrt{PQ} \tag{2.1-31}$$

式中：P、Q 分别为导纳曲线的极大值（峰值）和极小值（谷值）[m/(N·s)]。

导纳曲线的理论值，即为桩身波阻抗的倒数 [式（2.1-32）]。

$$N = \frac{1}{Z} = \frac{1}{\rho c A} \tag{2.1-32}$$

式中：ρ 为桩身材料密度（kg/m³）；A 为桩身横截面积（m³）。

若 N_m 比 N 或同一工地各桩的平均值 $\overline{N}$ 大很多，表明在定值激振力作用下，桩的实测响应比预期的大，桩的承载力较低。桩的各类不利缺陷，如断裂、缩径、桩底软弱层、离析等，几乎都会使 N_m 值偏大。相反，当桩身存在横截面局部扩大（鼓肚）等有利缺陷时，N_m 值较正常值要低。

(3) 动刚度 K_d

动刚度一般是指动力 $f(t)$ 与桩-土系统在动力作用下的动位移 $x(t)$ 的比值，可采用式（2.1-33）进行计算：

$$K_d = \frac{2\pi f}{|V/F|} \tag{2.1-33}$$

动刚度的理论值为速度导纳曲线低频段斜率的倒数，由于过原点的切线难以准确获取，实际测量中动刚度值可按式（2.1-34）计算：

$$K_d = \frac{2\pi f_M}{|V/F|_M} \tag{2.1-34}$$

式中：f_M 为导纳曲线低频段某一点的频率（Hz），实测时取值通常在 20Hz 以内；$|V/F|_M$ 为导纳曲线低频段某一点的导纳值 [m/(N·s)]。由于实测速度导纳曲线的低频段近似呈直线，也可取动刚度在低频段（通常可选取 10Hz～30Hz 频段）的平均值作为桩基的动刚度值。

根据动刚度试验计算得到动刚度 K_d 应在 K_{max} 和 K_{min} 之间 [式（2.1-35）]。

$$\left. \begin{array}{l} K_{max} = K_\infty \sqrt{P/Q} \\ K_{min} = K_\infty \sqrt{Q/P} \end{array} \right\} \tag{2.1-35}$$

式中：K_{max} 为支承在无限刚性地基上的最大刚度（N/m）；K_{min} 为支承在无限柔性地基上的最小刚度（N/m）；K_∞ 为埋置在土中的无限长桩的动刚度 [式（2.1-36）]。

$$K_\infty = AE(\sigma L)/L \tag{2.1-36}$$

式中：A 为桩身横截面积（m²）；E 为桩身混凝土弹性模量（MPa）；σ 为土体阻尼系数（m⁻¹）；L 为桩长（m）。

式（2.1-36）中 σL 值按式（2.1-37）计算：

$$\coth(\sigma L) = \sqrt{P/Q} \tag{2.1-37}$$

σ 的理论计算公式见式（2.1-38）：

$$\sigma = \frac{\rho_s}{\rho} \cdot \frac{v_s}{c} \cdot \frac{L}{A} \tag{2.1-38}$$

式中：ρ_s 为桩周土的密度（kg/m³）；ρ 为桩身混凝土的密度（kg/m³）；v_s 为桩周土的剪切波速（m/s）。

式 (2.1-35) 给出了桩基动刚度的上、下限值，实测的 K_d 接近 K_{max} 或 K_{min} 的程度是判断桩身质量的依据之一。K_d 反映了桩基的承载能力，桩身存在的各种不利缺陷最终都表现为承载力的下降，即 K_d 减小。桩身混凝土无不利缺陷时，K_d 的降低往往意味着桩端持力层不佳或有较厚的沉渣。

如果测得的桩长 L 偏小，K_d 小于各桩平均值 K_{dm} 很多，N_m 大于各桩平均值 $\overline{N}$ 和理论值 N 较多，即可判断为桩身断裂。反之，如桩身出现扩径，承载力得到加强，则 K_d 偏大、N_m 偏小。

(4) 桩的嵌固系数 [式 (2.1-39)]

$$q = \frac{f_1}{\Delta f_t} \tag{2.1-39}$$

式中：f_1 为桩基实测速度导纳曲线的第一谐振频率（Hz）；Δf_t 为完整桩理论导纳曲线上相邻峰间的频差（Hz）。由于 $0 < f_1 < c/(4l) = \Delta f_t/2$，$q$ 值在 0～0.5 之间。q 值越大，桩基与基岩持力层嵌固得越好。

低频激振时，桩的振动速度很小，土的阻尼可以略去不计，振动的桩可以简化成单一弹簧，其刚度取决于桩身混凝土的刚度和桩周、桩端土提供的刚度，即桩-土体系的刚度。因此动刚度的影响因素包括：①桩的长度 L；②桩的横截面积 A；③桩的外形和桩的长径比 L/d；④地面上自由桩段的长度；⑤混凝土的波速 c_0；⑥桩周土的剪切波速；⑦桩端地基的刚度；⑧桩端土和桩周土的相对刚度。

理论上，作用在桩上的动荷载的频率 $\omega \to 0$ 时，动刚度 $K_d \to K_s$。K_s 为静刚度，即由荷载试验得到的荷载-位移（Q-s）曲线的初始部分的斜率。由于实测中动荷载的频率不可能为零，因而动刚度总是大于静刚度。为了简化桩的荷载试验，用简便易行的动载试验代替费用高昂的静载试验，国外曾做了大量静、动试验的对比，发现 K_d 和 K_s 之间存在某种确定的关系，如图 2.1-8 所示。动静刚度之比 K_d/K_s 随桩基支承条件的不同而不同，端承桩一般约在 1.8～2.6 之间，摩擦桩一般约在 2.6～3.2 之间。对于同一地质条件、同一类型和截面尺寸的桩，其 K_d/K_s 是比较接近的，这样就为采用简便的动测方法评估桩基的承载能力提供了可能：对同一场地的所有桩基开展动载试验，再对其中少量桩基开展静载试验，求出 K_d/K_s，以此估计其余未做静载试验的桩基的 K_s，从而得出 Q-s 曲线的线性段。在积累了大量动静对比数据以后，也可以不开展静载试验、直接估计桩基的承载能力。对于某一场地而言，即使不进行静载试验，仍可根据实测动刚度 K_d 来比较各桩承载力的相对大小：K_d 偏小、低于各桩平均值较多的桩，可判定为有缺陷或承载力偏低的桩。据此，可以实现对大量桩基进行承载能力快速普查的目的。

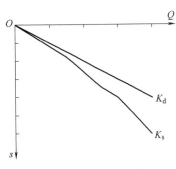

图 2.1-8 动刚度与静刚度的近似关系

2.2 数值参数分析

2.2.1 数值模型建立与验证

采用 ABAQUS 有限元软件进行三维数值建模和参数分析。具体如下：

（1）几何模型

主要考虑纵向波的传递，其他方向的干扰越少，越有利于分析。综合考虑，采用"桩-弹簧"模型作为计算分析模型，见图 2.2-1。

桩周土和桩端土均简化为弹簧和阻尼器，桩身采用自由网格法进行单元划分。如果忽略泊松比，可以估计波速 $c_\mathrm{d} = \sqrt{\dfrac{E}{\rho}} = \sqrt{\dfrac{2.8 \times 10^{10}}{2420}} = 3.401 \times 10^3 \mathrm{m/s}$，设荷载的持续时间为 0.001s，则冲击荷载结束后波的传播长度为 $L = 0.001 \times c_\mathrm{d} \approx 3.4\mathrm{m}$，考虑到冲击载荷的跨度在 10 个单元内较为合适，将桩身沿纵向划分为 11 个单元，每个长度约为 1.12m，以满足计算精度要求。

（2）计算模型

计算模型采用 CPS4 单元（4 节点四边形双线性平面应力完全积分单元，如图 2.2-2 所示），这种单元能够模拟桩在竖向荷载作用下的动力反应。

（3）材料的本构模型

采用平行耦合的一个线性弹簧和一个与速度有关的阻尼器模拟桩-土之间的相互作用。桩周土为均质土时，土层对桩的作用简化为并联的弹簧和阻尼器，一端与桩身相连，另一端与土体相连接，刚度系数为 k_1，阻尼系数为 c_1；桩端土对桩的作用也同样用弹簧和阻尼器代替，刚度系数为 k_2，阻尼系数为 c_2。

桩周土为成层土时，各土层对桩的作用同样简化成并联的弹簧和阻尼器，刚度系数为 k_i，阻尼系数为 c_i；桩端土对桩的作用也简化成弹簧和阻尼器，刚度系数为 k_j，阻尼系数为 c_j（其中 i 取值根据土层分布，从上往下依次取 1，2，3…j，j 为 i 的最大取值加 1）。

根据弹性动力学理论，桩周土的刚度系数和阻尼系数的表达式如式（2.2-1）和式（2.2-2）所示：

$$k_1 = 2.75 G_1 \quad (2.2\text{-}1)$$

$$c_1 = 2\pi r \sqrt{\rho\, G_1} \quad (2.2\text{-}2)$$

假定桩端以下土体为理想的弹性半空间体，利用弹性半空间理论推导出桩端土的刚度系数和阻尼系数表达式如式

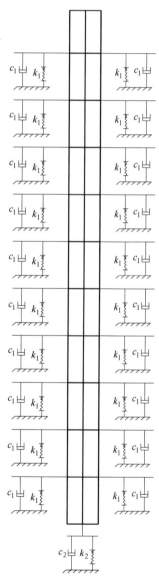

图 2.2-1 完整单桩二维计算模型

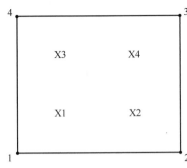

图 2.2-2 CPS4 单元

（2.2-3）和式（2.2-4）所示：

$$k_2 = 4G_2 r/(1-\nu_1) \qquad (2.2\text{-}3)$$

$$c_2 = 3.4 r^2 \sqrt{\rho G_2}/(1-\nu_1) \qquad (2.2\text{-}4)$$

式中：G_1 为桩周土的剪切模量；G_2 为桩端土的剪切模量；ρ 为土的密度；ν_1 为土的泊松比；r 为桩的半径。

建模过程中，对于均一土层，先按式（2.2-1）计算得到桩周土的总刚度系数 k_1（阻尼系数 c_1），然后按深度均匀分布在桩身各节点上。对于成层土，按式（2.2-1）分别计算各土层刚度系数 k_1（阻尼系数 c_1），然后按深度均匀分配到相应土层的桩身节点上。对于桩端土弹簧（阻尼器），先按式（2.2-3）计算得到桩端土的总刚度系数 k_2（阻尼系数 c_2），然后再平均分配到桩端各节点上。

桩为有限长均质杆，材料为弹性材料，杨氏模量为 E，桩身总长为 l，质量密度为 ρ，泊松比为 ν。在模拟计算时，桩身采用线弹性模型。

（4）计算参数的选取

数值分析过程中，通过模拟桩周土、桩端土、桩身参数以及荷载大小、荷载施加位置的变化，研究无承台完整桩、无承台缺陷桩、带承台完整桩和带承台缺陷桩的动测曲线规律及动刚度变化，并通过动测曲线和动刚度对桩的完整性、缺陷类型、缺陷位置、缺陷程度及承载力作出判断。相关参数如表 2.2-1 所示。

计算参数的选取　　　　　　　　　表 2.2-1

	土层类型	密度(kg/m³)	剪切模量(MPa)	泊松比
桩周土的参数	软黏土	1600	16	0.4
	细砂土	1800	40.5	0.4
	砾砂土	2200	200	0.3
桩的设计参数	(1)桩数：单桩、单桩承台、双桩承台			
	(2)类型	无承台	完整桩、断桩、离析桩、缩径桩	
		有承台	完整单桩、完整双桩	
	(3)桩长	无承台	11.2m	
		有承台	6.0m、11.2m、16.0m	
	(4)混凝土强度：C20、C25、C30、C40、C50、C60、C70、C80			

（5）数值模型验证

开展现场模型试验并进行 1∶1 仿真建模，土层分布情况根据岩土工程勘察报告设置。基桩动刚度的获取流程如下：

1) 测定桩顶测点处或承台测点处的速度-时间曲线。

2) 对速度-时间曲线和荷载作用的曲线进行傅立叶变换，获得桩的导纳曲线。

3) 导纳曲线的低频段近似于直线段，对其进行拟合求得斜率，进而根据式（2.1-34）求得动刚度。

现场模型试验与数值模拟的导纳曲线如图 2.2-3 所示。由图可见,两条导纳曲线的低频段均近似为直线,与动刚度理论相吻合。由数值模拟导纳曲线求得动刚度为 $k_1 = 3.486 \times 10^7 \text{N/m}$,现场实测动刚度值为 $k_2 = 3.49 \times 10^7 \text{N/m}$,两者数值较为接近。上述情况说明所建数值模型能基本反映基桩实际情况。

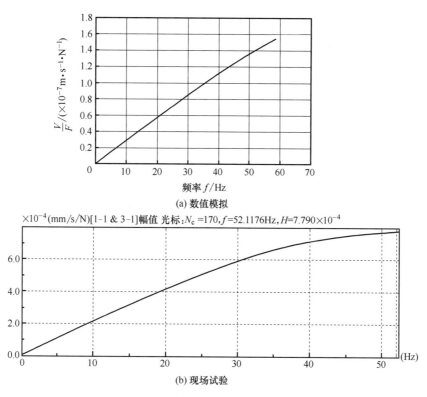

图 2.2-3 计算与实测导纳曲线对比

2.2.2 数值分析方案设计

针对无承台单桩(表 2.2-2)、单桩-承台结构(表 2.2-3)、双桩-承台结构(表 2.2-4)三种形式,分别开展基桩动刚度的影响因素及其特征分析,主要研究思路如下:①对比分析完整桩、断桩、离析桩、缩径桩在软黏土、细砂土、密实土条件下对无承台桩基动刚度的影响规律;②研究激励荷载大小、基桩缺陷、桩身的弹性模量、桩身阻尼、桩的长径比

无承台单桩结构动刚度研究思路 表 2.2-2

	桩周土 桩型	软黏土	细砂土	密实土	分析工况
无承台基桩动刚度的影响因素及特征分析	完整桩	动刚度	动刚度	动刚度	完整桩在桩周土不同条件下对比
	断桩	动刚度	动刚度	动刚度	断桩在桩周土不同条件下对比
	离析桩	动刚度	动刚度	动刚度	离析桩在桩周土不同条件下对比
	缩径桩	动刚度	动刚度	动刚度	缩径桩在桩周土不同条件下对比
	—	完整桩与各缺陷桩对比			—

单桩-承台结构动刚度研究思路　　　　　　　表 2.2-3

单桩承台基桩动刚度的影响因素及特征分析	激励荷载的影响	荷载(×100N)	25	50	75	100	500	750	1000	1250	1500	1750	2000	2500	3000
		桩型	完整桩											
	基桩缺陷的影响	土的类型	软黏土											
		桩型	完整桩承台			断桩承台			离析桩承台			缩径桩承台			
	桩身弹性模量的影响	土的类型	软黏土(细砂土)											
		模量(MPa)	25500		30000		32500		34500		36000		37000		38000
		桩型	完整桩											
	桩身阻尼的影响	土的类型	软黏土(细砂土)											
		阻尼参数	0		0.01	0.02	0.03	0.04		0.05	0.06		0.07	0.08	
		桩型	完整桩											
	桩长径比的影响	土的类型	细砂土											
		桩型	完整桩承台(端承型)						完整桩承台(摩擦型)						
		桩径 0.3m	桩长 6m			桩长 11.2m			桩长 16m		桩长 6m		桩长 11.2m			桩长 16m
		桩长 11.2m	桩径 0.3m			桩径 0.6m			桩径 0.9m		桩径 0.3m		桩径 0.6m			桩径 0.9m
	桩端土的影响	桩型	完整桩承台											
		桩周条件	桩周土为细砂土						桩侧完全自由						
		桩端土	软土		细砂		粗砂		砾砂	基岩	软土	细砂		粗砂		砾砂	基岩
	桩周土的影响	桩型	完整桩承台、断桩、离析桩、缩径桩											
		桩端条件	桩端固定						桩端自由						
		桩周土	单层土(软黏土、细砂土、密实土)		双层土(软土、砂土、密实土的组合)			三层土(软土、砂土、密实土的组合)		单层土(软黏土、细砂土、密实土)		双层土(软土、砂土、密实土的组合)			三层土(软土、砂土、密实土的组合)

双桩-承台结构动刚度研究思路　　　　　　　表 2.2-4

双桩承台基桩动刚度的影响因素及特征分析	桩-承台形式的影响	土的类型	细砂土												
		桩型	单桩承台					单根完整桩			双桩承台				
	测点位置的影响	激励点位置	桩中心							承台中心						
		测点距离(m)	0	0.3	0.6	0.9	1.2	1.5	1.8	2.1	0	0.3	0.6	0.9	1.2	1.5
	激励位置的影响	测点位置	桩中心							承台中心						
		激励点位置	沿着承台面从左到右第一点到第十一点													
	基桩缺陷的影响	土的类型	细砂土												
		桩型	完整双桩承台				断桩双桩承台				高桥双桩承台			缩径双桩承台			

及桩周土对单桩承台基桩动刚度的影响规律；③对比分析完整单桩、完整单桩承台、完整双桩承台在桩周土条件相同时的动刚度特征，并研究测点位置和激励点位置对动刚度的影响规律。

2.2.3 数值计算结果分析

2.2.3.1 无承台单桩的动刚度分析

无承台单桩动刚度的影响因素有桩长、桩身弹性模量、桩周土、桩端土、桩身缺陷、激振力大小以及动刚度取值频率等。本节选取完整桩、断桩、离析桩和缩径桩四种类型基桩作为数值模拟的基桩模型，如图 2.2-4 所示。

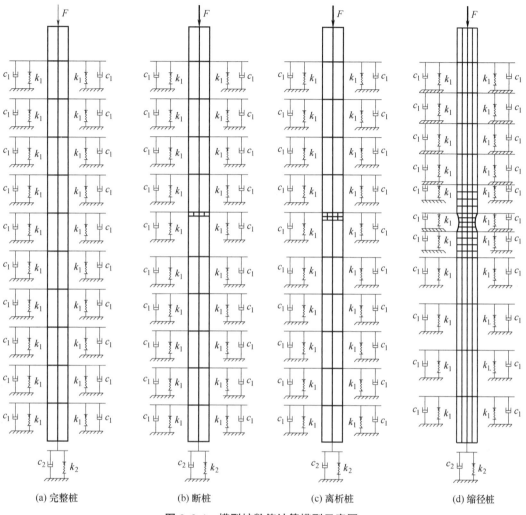

(a) 完整桩　　(b) 断桩　　(c) 离析桩　　(d) 缩径桩

图 2.2-4　模型桩数值计算模型示意图

模型桩全长 11.2m，桩径为 0.6m，桩身为均匀圆柱状。混凝土强度等级为 C25，参数如表 2.2-5 所示。根据现场施工条件近似取桩身密度为 $\rho=2420\mathrm{kg/m^3}$。瞬态激励荷载的模拟近似取半正弦曲线，幅值取现场试验时施加荷载的最大幅值 100000N，荷载的作用时间取 0.001s，荷载施加在桩顶的中心位置，测点取在距离激励位置 0.15m 处。

完整桩混凝土参数　　　　表 2.2-5

混凝土强度	弹性模量(Pa)	泊松比
C25	2.8×10^{10}	0.2

（1）无承台完整桩

无承台完整桩数值计算模型测点的速度-时间曲线如图 2.2-5 所示，速度导纳曲线如图 2.2-6 所示。

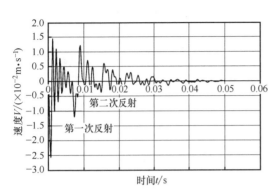

图 2.2-5 完整桩测点处的速度-时间曲线

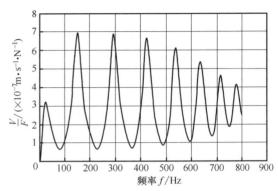

图 2.2-6 完整桩测点处的导纳曲线

（2）无承台断桩

无承台断桩在距离桩顶 5m 处出现断裂，裂缝宽度为 5mm，在进行数值模拟时，断桩处材料的参数如表 2.2-6 所示。

模拟断桩处材料的参数　　　　　　　表 2.2-6

弹性模量(Pa)	泊松比	密度(kg/m³)
2.0×10^4	0.4	30

测点的速度-时间曲线和导纳曲线如图 2.2-7 和图 2.2-8 所示。与完整桩的速度-时间曲线（图 2.2-5）对比可见，在断桩桩端发生第一次反射之前，出现了很明显的断桩反射。f_1 处的时间为 0.00075s，断桩处的反射时间为 0.0035s，桩端的反射为 0.007s。根据桩长为 11.2m，可以求得波速为 3584m/s，进而根据此波速求得缺陷距离桩顶距离为 4.928m，这与模型中设定的缺陷位置距离桩顶 5m 相符。

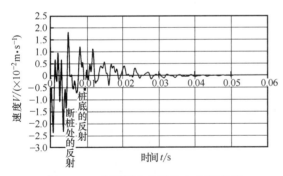

图 2.2-7 断桩测点处的速度-时间曲线

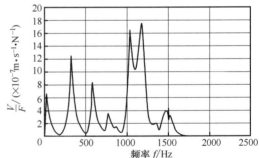

图 2.2-8 断桩测点处的速度导纳曲线

断桩的导纳曲线与完整桩的导纳曲线（图 2.2-6）相比有很明显的区别，断桩的各个谐振峰已经不如完整桩的谐振峰规整，且断桩的导纳曲线衰减得更快些。对导纳曲线的低频直线段进行线性拟合，拟合曲线、拟合方程如图 2.2-9 所示。根据趋势线方程和式（2.1-34），求得断桩的动刚度为 $K_d = 2.175 \times 10^8$ N/m。

（3）无承台离析桩

无承台离析桩模型在距离桩顶 5m 处出现离析，模拟离析处桩身材料的参数如表 2.2-7 所示。图 2.2-10 为离析桩测点处的速度-时间曲线。

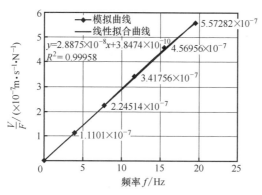

图 2.2-9 断桩低频段导纳曲线及其趋势线

模拟离析处桩身材料的参数   表 2.2-7

弹性模量(Pa)	泊松比	密度(kg/m³)
2.0×10^{10}	0.3	2000

与完整桩的速度-时间曲线（图 2.2-5）对比可见，在离析桩桩端发生第一次反射之前，出现了很明显的断桩反射。由于断桩与离析桩的缺陷位置设置相似，图 2.2-10 与图 2.2-7 的断桩速度时程曲线具有一定相似性。根据式（2.1-34），求得离析桩的动刚度为 $K_d=2.512\times10^8$N/m。

（4）无承台缩径桩

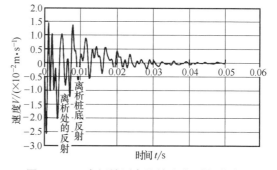

图 2.2-10 离析桩测点处的速度-时间曲线图

无承台缩径桩模型在距离桩顶 5m 处出现缩径。缩径为渐变式缩径，缩径段的长度为 50cm。缩径处最窄直径为 0.5m。根据式（2.1-34）求得缩径桩的动刚度为 $K_d=4.220\times10^8$N/m（汇总见表 2.2-8）。

同理，分别就桩周土为均匀砂土和密实土的情况进行数值分析（见表 2.2-9），桩的材料、缺陷条件、数值模拟模型以及荷载施加条件等均与上述桩周土为软黏土时相同。

桩周土为软黏土时完整桩和不同缺陷桩动刚度值   表 2.2-8

桩基形式	动刚度(N/m)
完整桩	4.242×10^8
断桩	2.175×10^8
离析桩	2.512×10^8
缩径桩(缩径处最小直径 0.5m)	4.220×10^8

细砂和密实土的参数   表 2.2-9

土体类型	剪切模量(MPa)	泊松比	密度(kg/m³)
细砂土	40.5	0.4	1800
密实土	200.0	0.3	2200

细砂条件下,完整桩和各缺陷桩的速度-时间曲线如图 2.2-11 所示,导纳曲线如图 2.2-12 所示。完整桩和不同缺陷桩动刚度值如表 2.2-10 所示。

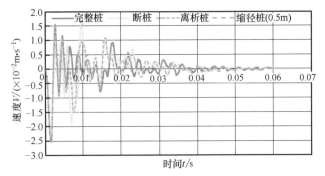

图 2.2-11 细砂土条件下完整桩和各缺陷桩的速度-时间曲线

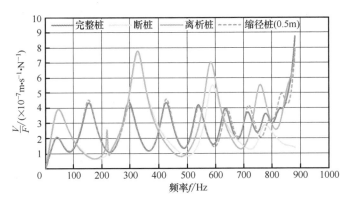

图 2.2-12 细砂土条件下完整桩和各缺陷桩的导纳曲线

桩周土为细砂土时的桩基动刚度值　　　表 2.2-10

桩基形式	动刚度(N/m)	桩基形式	动刚度(N/m)
完整桩	9.530×10^8	离析桩	5.691×10^8
断桩	5.354×10^8	缩径桩(缩径处最小直径 0.5m)	9.426×10^8

密实土条件下,完整桩和各缺陷桩的速度-时间曲线如图 2.2-13 所示,导纳曲线如图 2.2-14 所示。完整桩和不同缺陷桩动刚度值如表 2.2-11 所示。

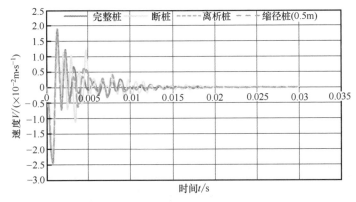

图 2.2-13 密实土条件下完整桩和各缺陷桩的速度-时间曲线

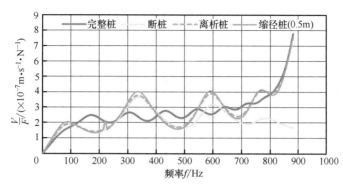

扫码查看彩图

图 2.2-14 密实土条件下完整桩和各缺陷桩的导纳曲线

桩周土为密实土时桩基动刚度值　　　　　　　　　　表 2.2-11

桩基形式	动刚度(N/m)
完整桩	2.785×10^9
断桩	2.208×10^9
离析桩	2.175×10^9
缩径桩	2.013×10^9

(5) 结果分析

由上述曲线和动刚度结果可以得到，在软黏土、细砂土、密实土三种均质土条件下无承台桩的动刚度呈以下规律：

1) 在桩周土相同的条件下，与完整桩相比，断桩、离析桩的动刚度均有不同程度的减小；缺陷较轻的缩径桩（缩径处最小直径为 0.5m）的动刚度略小于完整桩的动刚度。

2) 随桩周土从软黏土变为细砂土、密实土，完整桩、断桩、离析桩、缩径桩的动刚度值均逐渐增大。这说明基桩动刚度大小受桩周土条件的影响，且随桩周土模量的增大而逐渐增大。

3) 当桩周土为均质土层，荷载、桩身缺陷等其他条件均相同时，缺陷桩与对应完整桩的动刚度差值也呈现一定规律。表 2.2-12 为不同桩周土条件下，完整桩与缺陷桩的动刚度差值，可以看出，随着桩周均质土模量的增大，各种缺陷桩与完整桩的差值也在逐渐增大。

完整桩与缺陷桩的动刚度差值（单位：N/m）　　　　表 2.2-12

桩型 \ 土层条件	软黏土	细砂土	密实土
断桩	2.067×10^8	4.176×10^8	5.770×10^8
离析桩	1.730×10^8	3.839×10^8	6.100×10^8
缩径桩(0.5m)	2.200×10^6	1.040×10^7	7.720×10^8

2.2.3.2 带承台单桩的动刚度分析

既有结构桩基础通常使用承台或筏板将多根单桩连接组成群桩使用。在承台中，由激振点激发的弹性波不是平面波，而是球面波和柱面波，这种波形比平面波复杂得多。由承台-桩界面向桩身内透射的不是单纯的脉冲弹性波，而是一个波列，因而从承台实测信号中识别桩身反射波的信号相当复杂。本节开展带承台桩基的数值模拟试验，探讨带承台基桩的动刚度影响因素及其特征。

(1) 激励荷载对动刚度的影响及其特征分析

动刚度法检测基桩时，一般需在桩顶锤击产生一初始的激励脉冲，衡量该激励脉冲的主要指标为力幅值 A、脉冲宽度（时域）和主瓣宽度 f（谱图），本算例主要研究力幅值 A 对动刚度的影响。

本算例采用单桩承台模型，桩身和承台材料均为混凝土，桩为均质圆桩，桩径为 0.6m。桩和承台总长为 11.9m，其中桩长为 11.2m（嵌固在承台中 0.1m），承台为方形，边长为 1.2m，厚度为 0.8m。假定桩周土为软黏土，作用范围为承台底面以下 0.9m 至桩底。为了提高信号检测质量，激振位置取为承台顶面的中心点，测点取在距离锤击位置 0.15m 处。带承台单桩的模型尺寸图及埋设示意图见图 2.2-15，数值计算本构模型图如图 2.2-16 所示，桩土参数见表 2.2-13。

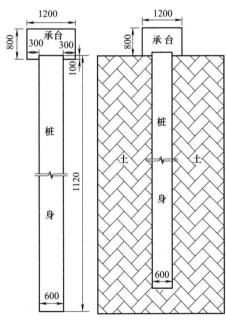

图 2.2-15 带承台单桩模型尺寸图及埋设示意图（单位：mm）

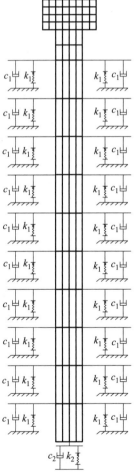

图 2.2-16 带承台单桩数值计算模型

桩和土的参数　　　　　　　　表 2.2-13

材料\参数	剪切模量 (Pa)	泊松比	密度 (kg/m³)	k_1 (N/m)	c_1 (N·s/m)	k_2 (N/m)	c_2 (N·s/m)
桩	2.8×10^{10}	0.2	2420	—	—	—	—
软黏土	1.7×10^{7}	0.4	1600	4.4×10^{7}	301592.9	3.2×10^{7}	81600

荷载峰值的取值范围为 2500N～300000N，激励荷载方程见式 (2.2-5)：

$$p(t)=p_0\sin(\pi t/T_\mathrm{d}),\ 0\leqslant t\leqslant T_\mathrm{d} \tag{2.2-5}$$

式中：p_0 为激励荷载峰值压力 (N)；T_d 为锤击作用持续时间 (1×10^{-3}s)。

峰值为 100000N 的激励荷载随时间的变化曲线如图 2.2-17 所示，测点处的速度时程曲线如图 2.2-18 所示，桩的导纳曲线如图 2.2-19 所示，导纳曲线的低频段曲线及线性拟合曲线如图 2.2-20 所示，不同峰值荷载作用下的速度时程曲线如图 2.2-21 所示。

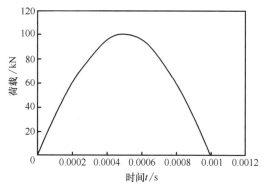

图 2.2-17　荷载时程曲线

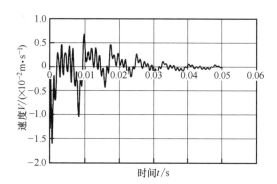

图 2.2-18　测点振动速度时程曲线

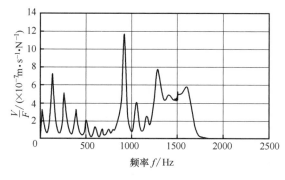

图 2.2-19　桩的导纳曲线

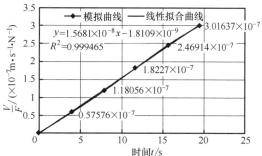

图 2.2-20　桩的低频段导纳曲线及其趋势线

导纳曲线 20Hz 以下低频段的线性拟合方程见式 (2.2-6)：

$$y=1.5681\times10^{-8}x-1.8109\times10^{-9} \tag{2.2-6}$$

根据式 (2.1-34)，求得带承台单桩的动刚度为 $K_\mathrm{d}=4.005\times10^{8}$N/m。

利用同样的方法，求解不同峰值荷载下带承台完整桩的桩身动刚度值并汇总于表 2.2-14。

不同峰值荷载作用下的桩身动刚度值　　　　　　表 2.2-14

荷载峰值(N)	动刚度(N/m)	荷载峰值(N)	动刚度(N/m)
2500	3.9787×10^8	125000	4.005×10^8
5000	3.9788×10^8	150000	4.005×10^8
7500	3.959×10^8	175000	4.005×10^8
10000	3.986×10^8	200000	4.005×10^8
50000	4.007×10^8	250000	4.004×10^8
75000	4.007×10^8	300000	4.007×10^8
100000	4.005×10^8		

由表 2.2-14 可见，对于带承台单桩，在均质土层条件下，当峰值荷载为 50000N～200000N 时，根据导纳曲线低频段求得的动刚度值相同，当峰值荷载为 2500N～50000N 时，动刚度略有降低，峰值荷载为 200000N～300000N 时，动刚度值略有增减，说明激励荷载峰值大小对带承台基桩的动刚度值有一定影响。

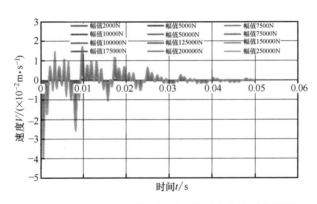

扫码查看彩图

图 2.2-21　不同峰值荷载作用下的测点速度时程曲线

由图 2.2-21 可见，当激励荷载的幅值较小时，波峰、波谷的幅值均较小；当激励荷载幅值较大时，波峰、波谷的幅值也较大。因此，对需要用时域曲线（如低应变反射波法）判断桩身完整性的方法，不能选用过小的锤。在实际工程中，使用较大的锤敲击时，激振力的脉冲宽度较大、高频成分较少、信号具有较强的穿透力，适用于获取长桩桩底和桩身下部的缺陷信号。

上述试验结果表明，在动刚度值采集过程中，若选锤不合适，容易造成所测动刚度值不准确，给桩基的承载力判断造成不利影响。

（2）基桩缺陷对动刚度的影响及其特征分析

本算例研究桩身缺陷对带承台单桩动刚度的影响规律。分别假定桩周土为均质软黏土和细砂土，其参数如表 2.2-16 所示，桩身材料及缺陷处材料的参数表如表 2.2-15 所示。荷载激振点为承台的中心点，荷载的峰值为 100000N，荷载时程曲线如图 2.2-17 所示，测点在距离荷载激振点 0.15m 处。带承台完整桩、断桩、离析桩、缩径桩的有限元计算模型如图 2.2-22 所示。

桩身材料及缺陷处材料的参数表　　　　　　　　　　　表 2.2-15

桩型		弹性模量(Pa)	泊松比	密度(kg/m³)
完整桩		2.8×10^{10}	0.2	2420
断桩	桩身材料	2.8×10^{10}	0.2	2420
	断裂处材料	2.0×10^{4}	0.4	30
离析桩	桩身材料	2.8×10^{10}	0.2	2420
	离析处材料	2.0×10^{10}	0.3	2000
缩径桩		2.8×10^{10}	0.2	2420

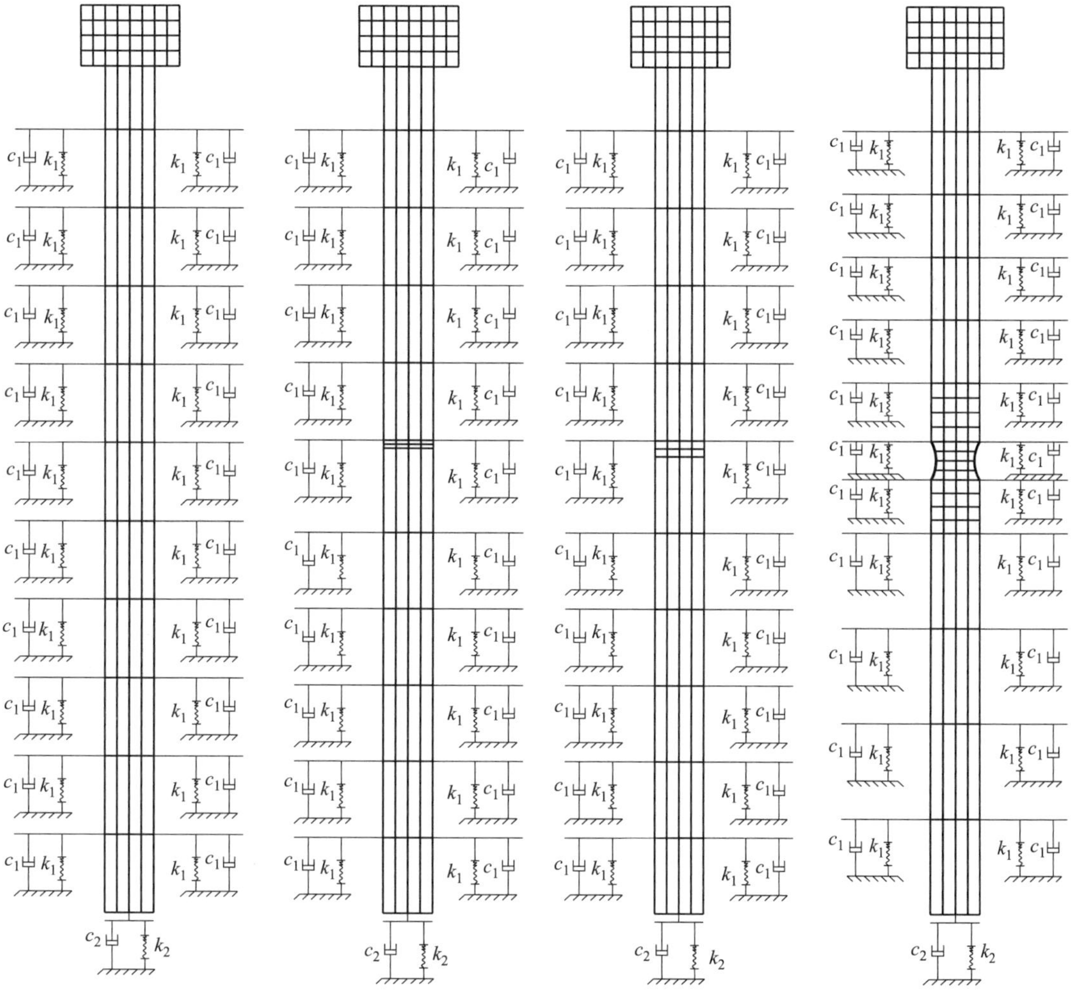

(a) 完整桩　　(b) 断桩　　(c) 离析桩　　(d) 缩径桩

图 2.2-22　带承台完整桩和缺陷桩的有限元计算模型图

桩周土的参数　　　　　　　　　　　　　　　表 2.2-16

桩周土	弹性模量(MPa)	泊松比	密度(kg/m³)
软黏土	17	0.4	1600
细砂土	40.5	0.4	1800

桩周土为软黏土时,各模型桩测点处的速度-时间曲线如图 2.2-23～图 2.2-26 所示,速度导纳曲线如图 2.2-27 所示。

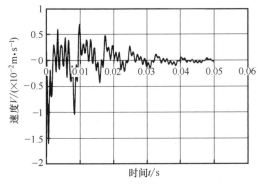

图 2.2-23 带承台完整桩速度-时间曲线

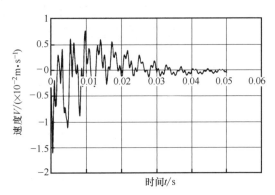

图 2.2-24 带承台断桩测点处速度-时间曲线

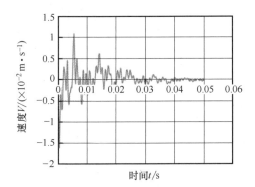

图 2.2-25 带承台离析桩测点速度-时间曲线

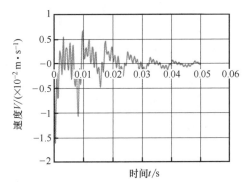

图 2.2-26 带承台缩径桩测点速度-时间曲线

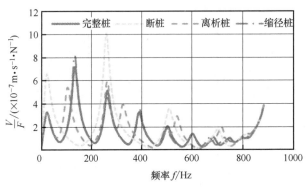

图 2.2-27 带承台完整桩及缺陷桩测点处的速度导纳曲线

对各导纳曲线的低频直线段进行线性拟合,根据拟合直线方程利用式(2.1-34)求得各基桩动刚度值如表 2.2-17 所示。

可以发现,桩周土为均质土层时,各带承台缺陷桩的动刚度值都明显小于带承台完整桩的动刚度值,其中断桩的动刚度与完整桩的动刚度相差最大,其次是离析桩,而缩径桩的动刚度则与完整桩的较接近。在实际工程中,桩的动刚度大小能一定程度反映桩身的缺陷类型,要进一步确定缺陷的类型及位置则需要结合桩基检测的时域曲线和频域曲线进行判断。

带承台基桩类型	动刚度 K_d(N/m)	
	软黏土	细砂土
完整桩	4.005×10^8	8.34×10^8
断桩	1.991×10^8	4.19×10^8
离析桩	3.885×10^8	4.21×10^8
缩径桩	4.002×10^8	8.32×10^8

带承台单桩的动刚度值　　表 2.2-17

（3）桩身弹性模量对动刚度的影响及其特征分析

本算例均采用完整的带承台单桩，桩周土分别为软黏土和细砂土，模型参数与算例（2）一致。桩周土和桩端土的刚度系数和阻尼系数见表 2.2-18，桩身混凝土强度等级及弹性模量见表 2.2-19。

桩周土和桩端土的刚度系数和阻尼系数　　表 2.2-18

土的类型	k_1(N/m)	c_1(N·s/m)	k_2(N/m)	c_2(N·s/m)
软黏土	4.4×10^7	301592.9	3.2×10^7	81600
细砂土	111375000	508680	8.1×10^7	137700

桩身混凝土的等级及弹性模量　　表 2.2-19

混凝土等级	C20	C30	C40	C50	C60	C70	C80
弹性模量(MPa)	2.55×10^4	3.00×10^4	3.25×10^4	3.45×10^4	3.6×10^4	3.7×10^4	3.8×10^4

桩身混凝土强度为 C20 时，测点处速度-时间曲线如图 2.2-28 所示，速度导纳曲线如图 2.2-29 所示。取桩身混凝土强度为 C20 的带承台桩导纳曲线的低频直线段（前六个点）作曲线，并作出其趋势线如图 2.2-30 所示。

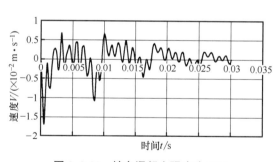

图 2.2-28　桩身混凝土强度为 C20 时测点处速度-时间曲线

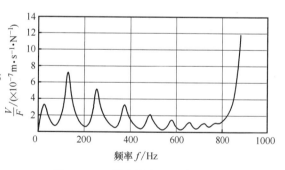

图 2.2-29　桩身混凝土强度为 C20 时测点处速度导纳曲线

根据上述拟合方程用式（2.1-34）求得带承台单桩的动刚度 $K_d=3.9544\times10^8$N/m。同理可以求得桩周土为软黏土和细砂土时，不同桩身弹性模量下桩的动刚度值，如表 2.2-20 和表 2.2-21 所示。

从上述动刚度结果可以看出，随着桩和承台的弹性模量增大，桩身的动刚度也在不断增大，但是受到影响的幅度不大。图 2.2-31 和图 2.2-32 分别显示了动刚度随桩身弹性模量的变化情况。

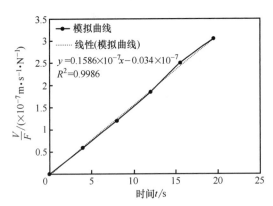

图 2.2-30　低频段导纳曲线及其线性拟合曲线

桩周土为软黏土时桩的动刚度值　　　　　　　　表 2.2-20

混凝土等级	C20	C30	C40	C50	C60	C70	C80
弹性模量($\times 10^4$ MPa)	2.55	3.0	3.25	3.45	3.6	3.7	3.8
桩身动刚度($\times 10^8$ N/m)	3.9544	4.0259	4.0537	4.0671	4.0800	4.0804	4.0952

桩周土为细砂土时桩的动刚度值　　　　　　　　表 2.2-21

混凝土等级	C20	C30	C40	C50	C60	C70	C80
弹性模量($\times 10^4$ MPa)	2.55	3.0	3.25	3.45	3.6	3.7	3.8
桩身动刚度($\times 10^8$ N/m)	9.40	9.74	9.95	10.06	10.13	10.19	10.23

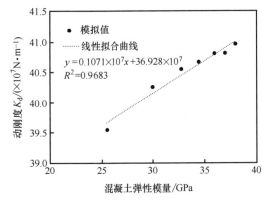
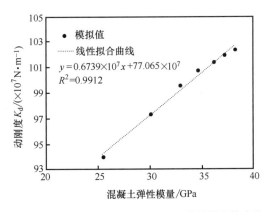

图 2.2-31　软黏土条件下动刚度随弹性模量的变化　　图 2.2-32　细砂土条件下动刚度随弹性模量的变化

由图 2.2-31 和图 2.2-32 可见，桩身动刚度值同混凝土弹性模量大致呈线性相关。即在一定程度上，桩的动刚度能够反应桩身的弹性模量，动刚度越大意味着桩身的混凝土质量越好。

由上述研究可知，不管桩周土是软黏土还是细砂土，带承台单桩的动刚度都随着混凝土弹性模量的增大而增大，但影响幅度不是很大。

（4）桩身阻尼对动刚度的影响及其特征分析

本算例均采用完整的带承台单桩，桩周土采用细砂土，模型参数与算例（2）、（3）一致。混凝土强度等级为C25，弹性模量为2.8×10^4MPa，泊松比为0.2，桩身密度取$\rho = 2420 \text{kg/m}^3$。

利用ABAQUS软件进行桩的频率提取分析，得到桩的振型和固有频率，并取前两阶振型所对应的频率$\omega_1 = 1.6933$和$\omega_2 = 13.916$。桩身的阻尼比ζ依次取0.01，0.02，0.03，0.04，0.05，0.06，0.07。根据式（2.2-7）可以求得不同阻尼比条件下瑞雷阻尼的参数，如表2.2-22所示。

$$\begin{Bmatrix} \alpha \\ \beta \end{Bmatrix} = \frac{2\zeta}{\omega_i + \omega_j} \begin{Bmatrix} \omega_i \omega_j \\ 1 \end{Bmatrix} \tag{2.2-7}$$

式中：α和β为瑞雷阻尼的参数。

瑞雷阻尼参数 表2.2-22

ζ	0	0.01	0.02	0.03	0.04	0.05	0.06	0.07	0.08
α	0	0.03019	0.06038	0.09057	0.12076	0.15095	0.18114	0.21133	0.24152
β	0	0.00128	0.00256	0.00384	0.00512	0.0064	0.00768	0.00896	0.01024

带承台完整单桩在各个阻尼比条件下的动刚度值如表2.2-23所示。

不同阻尼比条件下各带承台完整单桩的动刚度值 表2.2-23

ζ	0	0.01	0.02	0.03	0.04	0.05	0.06	0.07	0.08
$K_d(\times 10^8 \text{N/m})$	10.19	9.617	9.617	9.662	9.767	9.905	10.05	10.19	10.19

由表2.2-23可见，桩身阻尼比较小时，动刚度值较小，随着阻尼比的增大，动刚度值也有所增大。而阻尼比为0时的动刚度值与阻尼比为0.07和0.08时的动刚度值较为接近。

（5）桩的长径比对动刚度的影响及其特征分析

本算例均采用完整的带承台单桩，桩周土采用细砂土，除特殊说明外，模型参数与算例（2）、（3）一致。本算例的研究内容包括：1）桩长的变化对桩身动刚度的影响；2）桩径的变化对桩身动刚度的影响。

1）桩长对带承台单桩动刚度的影响

桩身参数表如表2.2-24所示。

桩身参数表 表2.2-24

桩长(m)	桩径(m)	长径比	密度(kg/m³)	弹性模量(MPa)	泊松比
6	0.6	10	2420	30000	0.2
11.2	0.6	18.7	2420	30000	0.2
16	0.6	26.7	2420	30000	0.2

为了清楚地研究长径比对动刚度的影响，将模型桩分为摩擦桩和端承桩，其中摩擦桩只考虑桩周土的刚度系数和阻尼系数，端承桩考虑桩周土刚度系数和阻尼系数的同时将桩端部固结。摩擦桩和端承桩测点处的速度-时间曲线如图2.2-33和图2.2-34所示，摩擦桩和端承桩的导纳曲线如图2.2-35和图2.2-36所示。

表2.2-25显示了不同桩长下摩擦桩和端承桩的动刚度值。以长径比为横轴、桩身动刚度为纵轴，绘出摩擦桩和端承桩动刚度随长径比的变化如图2.2-37和图2.2-38所示。

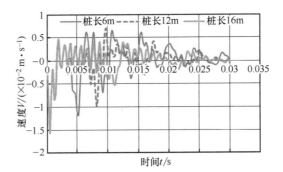

图 2.2-33　摩擦桩测点处的速度-时间曲线

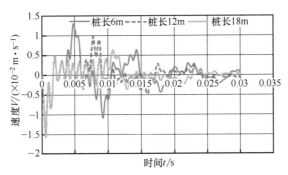

图 2.2-34　端承桩测点处的速度-时间曲线

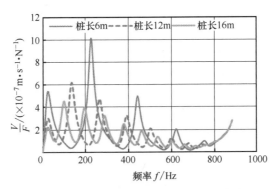

图 2.2-35　摩擦桩测点处的速度导纳曲线

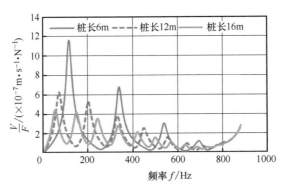

图 2.2-36　端承桩测点处的速度导纳曲线

不同桩长下桩的动刚度 表 2.2-25

桩长(m)	桩径(m)	长径比	桩身的动刚度(N/m)	
			摩擦桩	端承桩
6	0.6	10	2.5426×10^8	2.6222×10^9
11.2	0.6	18.67	4.4880×10^8	1.5135×10^9
16	0.6	26.67	5.9487×10^8	1.1443×10^9

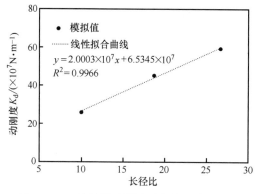

图 2.2-37 摩擦桩动刚度随长径比变化曲线　　图 2.2-38 端承桩动刚度随长径比变化曲线

由图可知，对于摩擦桩，桩径不变时，随桩长的增大，动刚度值逐渐增大，即动刚度随长径比的增大而增大；对于端承桩，桩径不变时，随桩长的增大，动刚度值逐渐降低，即动刚度随长径比的增大而减小。

2) 桩径对带承台单桩动刚度的影响

桩身参数表如表 2.2-26 所示。

桩身参数表 表 2.2-26

桩长(m)	桩径(m)	长径比	密度(kg/m³)	弹性模量(MPa)	泊松比
11.2	0.3	37.3	2420	30000	0.2
11.2	0.6	18.7	2420	30000	0.2
11.2	0.9	12.4	2420	30000	0.2

与 1) 中情况类似，桩分为摩擦型和端承型，摩擦桩和端承桩的速度-时间曲线、速度导纳曲线分别如图 2.2-39～图 2.2-42 所示。计算得到摩擦桩和端承桩的动刚度值如

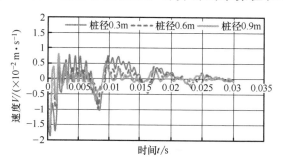

图 2.2-39 摩擦桩测点处的速度-时间曲线

表 2.2-27 所示，摩擦桩、端承桩动刚度随长径比的变化如图 2.2-43 和图 2.2-44 所示。

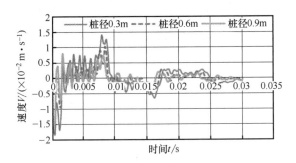

图 2.2-40 端承桩测点处的速度-时间曲线

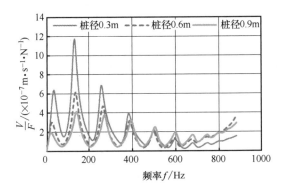

图 2.2-41 摩擦桩测点处的速度导纳曲线

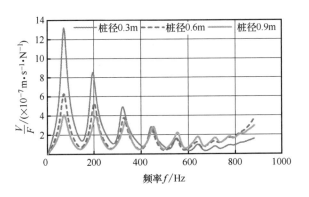

图 2.2-42 端承桩测点处的速度导纳曲线

摩擦桩、端承桩动刚度值　　　　　　表 2.2-27

桩径(m)	桩身的动刚度(N/m)	
	摩擦桩	端承桩
0.3	3.5690×10^8	8.3763×10^8
0.6	4.4466×10^8	1.4810×10^9
0.9	6.0888×10^8	2.1005×10^9

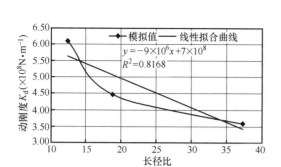 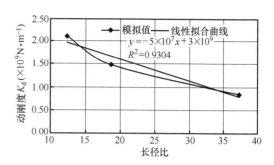

图 2.2-43　摩擦桩动刚度随长径比变化曲线　　图 2.2-44　端承桩动刚度随长径比变化曲线

由图可知，引起桩长径比变化的条件不同，长径比对桩身动刚度值的影响也不同。对于摩擦桩而言，当桩径不变时，随着桩长的增大，即长径比增大，桩身的动刚度值也增大；当桩长不变时，随着桩径的减小，即长径比增大，桩身的动刚度值则减小。对于端承桩而言，当桩径不变时，随着桩长的增大，即长径比增大，桩身的动刚度值逐渐减小；当桩长不变时，随着桩径的减小，即长径比增大，桩身的动刚度值逐渐减小。即端承桩的动刚度值随着长径比的增大而减小。导纳曲线的峰谷差值随长径比的增大而减小，桩径比越小，导纳曲线振荡越剧烈；桩长径比越大，导纳曲线的峰谷差值越小，导纳曲线趋于平稳。

（6）桩端土对动刚度的影响及其特征分析

本算例均采用完整的带承台单桩，除特殊说明外，模型参数与算例（2）、（3）一致。混凝土强度等级为 C25，弹性模量为 2.8×10^4 MPa，泊松比为 0.2，桩身密度取 $\rho = 2420 \text{kg/m}^3$。

本算例主要研究桩端土质变化对桩身动刚度的影响。为兼顾考虑桩周土的影响，本算例分为两组，一组桩周土假定为细砂土，另一组假定桩周自由（无土）。桩端土由软及硬变化，分别取桩端自由、软黏土、细砂土、粗砂土、砾砂土、基岩和桩端固定，土的参数见表 2.2-28。

土的参数表　　　　　　　　　　　　　　　　　表 2.2-28

土的类型	剪切模量(MPa)	泊松比	密度(kg/m³)
软黏土	16	0.4	1600
细砂土	40.5	0.4	1800
粗砂土	80	0.35	2000
砾砂土	200	0.3	2200
基岩	10000	0.25	2550

下面以桩端土为软黏土、桩周土为细砂土为例，求解桩身的动刚度，测点处的速度-时间曲线如图 2.2-45，速度导纳曲线如图 2.2-46 所示，对速度导纳曲线低频直线段进行线性拟合，如图 2.2-47 所示，求得动刚度为 $K_d = 9.56 \times 10^8$ N/m。其他试验组直接给出动刚度计算结果如表 2.2-29 所示。

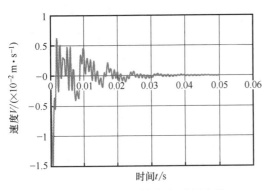

图 2.2-45 测点处的速度-时间曲线　　图 2.2-46 测点处的速度导纳曲线

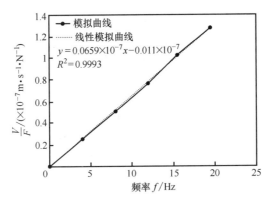

图 2.2-47 导纳曲线低频段及其趋势线

不同桩端土下的基桩动刚度值（单位：N/m）　　表 2.2-29

桩端土质	桩端土弹簧总刚度系数	桩侧土为细砂土时的动刚度	桩侧完全自由时的动刚度
软黏土	3.2×10^7	9.56×10^8	1.20×10^7
细砂土	8.1×10^7	9.74×10^8	3.29×10^7
粗砂土	1.48×10^8	1.0×10^9	8.57×10^7
砾砂土	3.43×10^8	1.06×10^9	3.02×10^8
基岩	1.6×10^{10}	1.71×10^9	1.31×10^9

从表 2.2-29 中可以看出，桩端土质的变化意味着桩端土弹簧刚度的变化。土质越软，其刚度系数越小；反之，其刚度系数越大。此外，桩周土质一定时，桩身动刚度随桩端土硬度的增大而增大。对比桩周有土和桩周完全自由的数据可见，同等条件下，桩侧有土的桩的动刚度大于桩侧无土时桩的动刚度。

（7）桩周土对动刚度的影响及其特征分析

本算例均采用完整的带承台单桩，除特殊说明外，模型参数与算例（2）、（3）一致。混凝土强度等级为 C25，弹性模量为 2.8×10^4 MPa，泊松比为 0.2，桩身密度取 $\rho = 2420 \text{kg/m}^3$。算例主要研究桩周土质变化对桩身动刚度的影响。为兼顾考虑桩端土的影响，算例分为两组，一组桩端自由，另外一组桩端固定。桩周土由软及硬变化，分别取软黏土、细砂土、粗砂土、砾砂土和基岩。

下面以桩周土为软黏土、桩端完全自由为例，求解桩身的动刚度，测点处的速度-时间曲线如图2.2-48所示，速度导纳曲线如图2.2-49所示，对速度导纳曲线低频直线段进行线性拟合，如图2.2-50所示，求得动刚度为 $K_d = 4.2207 \times 10^8 \text{N/m}$。其他试验组直接给出动刚度计算结果如表2.2-30所示。

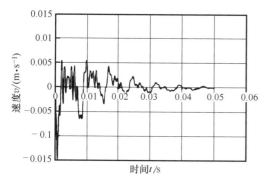

图2.2-48 测点处的速度-时间曲线

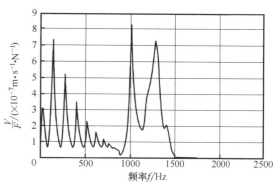

图2.2-49 测点处的速度导纳曲线

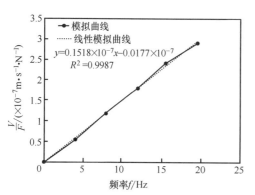

图2.2-50 速度导纳曲线低频直线段及其线性拟合曲线

从表2.2-30中可以看出，无论是摩擦桩还是端承桩，当桩端土质一定时，桩身动刚度随桩周土硬度的增大而增大。对于端承桩，桩周土较软时动刚度的变化幅度相对稳定。对于摩擦桩，桩身动刚度随桩周土硬度的增大而显著增大，说明摩擦桩对桩周土质的变化更为敏感。此外，当桩周土很硬（基岩）时，桩端土质的改变对动刚度的影响很小，对于桩周土为其他土质的情况，端承桩的动刚度均大于摩擦桩的动刚度。

若桩周土为成层土，算得6种土层分布时的桩身动刚度如表2.2-31所示。

不同条件下的桩的动刚度值　　　　　　　　表2.2-30

桩周土质	桩周土弹簧总刚度系数(N/m)	桩周土阻尼系数(N·s/m)	桩端完全自由时的动刚度(N/m)	桩端完全固定时的动刚度(N/m)
软黏土	4.4×10^7	301593	4.22×10^8	1.62×10^9
细砂土	1.14×10^8	508938	9.53×10^8	1.84×10^9
粗砂土	2.2×10^8	753982	1.57×10^9	2.15×10^9
砾砂土	5.5×10^8	1250338	2.68×10^9	2.87×10^9
基岩	2.75×10^{10}	9518559	9.44×10^9	9.44×10^9

当桩周土分布由软及硬变化，或土层包含软弱夹层时，计算的动刚度值均比桩周土为粗砂土时的动刚度小，且均大于桩周土为软黏土时的动刚度。值得注意的是，当桩周土不均一分布时，桩身动刚度变化的规律性不是很强，会对土层对桩的支承情况的判断带来一

定难度。此外，对比土层包含软弱夹层的两种情况发现，当土层中的软弱夹层更厚时，其桩身动刚度会更小。

不同桩周土条件下的桩的动刚度值　　　　　　　　　　　表 2.2-31

桩周土层性质	桩身动刚度(N/m)
软黏土	4.39×10^8
细砂土	9.87×10^8
粗砂土	1.61×10^9
土层由软及硬	1.13×10^9
土层包含软弱夹层(1)	1.08×10^9
土层包含软弱夹层(2)	8.34×10^8

下面进一步分析桩周土层对桩身动刚度的影响，桩周土质选取软黏土、细砂土和密实土，土层组合类型见表 2.2-32。桩型包括摩擦桩和端承桩，每种桩型分别设置有完整桩、断桩、离析桩和缩径桩。经过数值模拟分析，求得的摩擦桩和端承桩的动刚度见表 2.2-33 和表 2.2-34。

不同桩周土层组合类型　　　　　　　　　　　　　　　　表 2.2-32

单层土	桩周土均为软黏土	桩土均为细砂土	桩周土均为密实土
双层土组合	密实土+软黏土	软黏土+细砂土	软黏土+密实土
三层土组合	细砂土+软黏土+密实土	软黏土+密实土+细砂土	细砂土+软黏土+密实土
	软黏土+密实土+细砂土	密实土+软黏土+细砂土	密实土+细砂土+软黏土

摩擦型桩的桩身动刚度（单位：N/m）　　　　　　　　　表 2.2-33

桩型 桩周土层	摩擦型完整桩	摩擦型断桩	摩擦型离析桩	摩擦型缩径桩
软黏土	4.0527×10^8	2.1749×10^8	2.5246×10^8	4.0362×10^8
细砂土	9.1547×10^8	5.350×10^8	5.6951×10^8	9.0465×10^8
密实土	2.7659×10^9	2.2081×10^9	2.1710×10^9	2.6870×10^9
密实土+软黏土	2.2270×10^9	2.2081×10^9	2.1825×10^9	2.5862×10^9
软黏土+细砂土	6.2848×10^8	2.1749×10^8	2.4945×10^9	6.3406×10^8
软黏土+密实土	1.3591×10^9	3.7962×10^8	2.8774×10^9	1.3830×10^9
细砂土+软黏土+密实土	1.2875×10^9	2.1833×10^8	4.4580×10^8	1.2978×10^9
软黏土+细砂土+密实土	1.2099×10^9	7.2113×10^8	3.1028×10^9	1.2092×10^9
细砂土+密实土+软黏土	1.4917×10^9	5.1036×10^8	9.4949×10^8	1.4917×10^9
软黏土+密实土+细砂土	1.3998×10^9	1.6013×10^9	7.5070×10^8	5.1935×10^9
密实土+软黏土+细砂土	1.8606×10^9	1.6420×10^9	1.6605×10^9	1.7224×10^9
密实土+细砂土+软黏土	1.8607×10^9	4.3900×10^8	1.7184×10^9	1.8707×10^9

以上分析表明，桩周土的不均匀分布对动刚度的应用是不利的，但对于同一工况，当土层分布情况基本相同时，动刚度的对比是可行的。

端承型桩的桩身动刚度（单位：N/m）　　　　　　　表 2.2-34

桩型 桩周土层	端承型完整桩	端承型断桩	端承型离析桩	端承型缩径桩
软黏土	1.5976×10^9	2.1749×10^8	2.5078×10^8	1.5854×10^9
细砂土	1.8261×10^9	5.3501×10^8	5.720×10^8	1.7960×10^9
密实土	2.9898×10^9	2.2081×10^9	2.1710×10^9	2.9018×10^9
密实土＋软黏土	2.8695×10^9	2.8695×10^9	2.1801×10^8	2.5862×10^9
软黏土＋细砂土	1.6335×10^9	2.1749×10^8	2.5069×10^8	1.5922×10^9
软黏土＋密实土	2.1642×10^9	3.7962×10^8	2.5069×10^8	1.7430×10^9
细砂土＋软黏土＋密实土	1.7960×10^9	2.1833×10^8	4.4733×10^8	1.7913×10^9
软黏土＋细砂土＋密实土	1.7043×10^9	7.2113×10^8	3.1126×10^8	1.6945×10^9
细砂土＋密实土＋软黏土	2.0835×10^9	5.1036×10^8	9.5344×10^8	2.0648×10^9
软黏土＋密实土＋细砂土	1.9500×10^9	1.6013×10^9	7.5426×10^8	1.9372×10^9
密实土＋软黏土＋细砂土	2.6156×10^9	1.6420×10^9	1.6591×10^9	2.5862×10^9
密实土＋细砂土＋软黏土	2.6423×10^9	4.3900×10^8	1.7227×10^9	2.6390×10^9

2.2.3.3 双桩承台的动刚度分析

具有桩-承台结构的基桩中，承台、相邻桩、测点位置、激振点位置以及承台下的桩数对基桩动刚度的影响，目前还没有得到系统性的研究。本节就上述因素对动刚度的影响开展数值分析，所用到的完整单桩、单桩承台、双桩承台的尺寸如图 2.2-51 所示，计算模型和网格划分如图 2.2-52 所示。

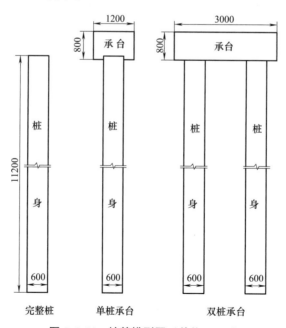

图 2.2-51　桩基模型图（单位：mm）

（1）双桩-承台结构基桩动刚度特性分析

本算例分为三组：①完整单桩，桩长为 11.2m，直径为 0.6m，均匀圆柱；②带承台单桩，总长 11.9m，其中桩为均匀圆桩，桩长为 11.2m，嵌固于承台中 0.1m，桩径为

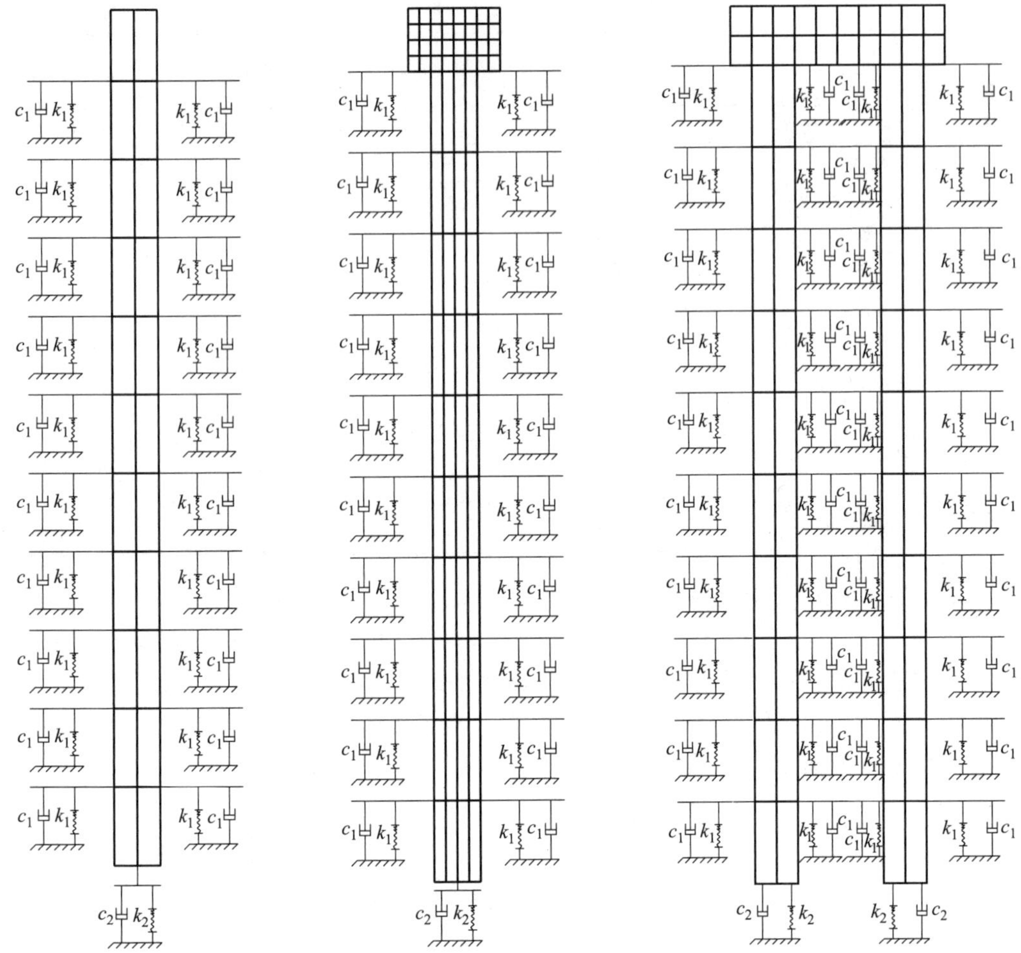

图 2.2-52 桩基计算模型及网格化分

0.6m，承台为方形，边长为 1.2m，高为 0.8m；③双桩承台，两根桩的尺寸与完整单桩相同，承台为长方形，长为 3m，宽为 1.2m，两根桩的中心距离承台短边 0.6m，距离承台长边 0.6m。桩周土为细砂土，桩身和承台混凝土的强度等级为 C30，弹性模量为 3.0×10^4 MPa，泊松比为 0.2，密度取 $\rho=2420$ kg/m³，荷载作用于桩的中心位置，荷载近似为半正弦曲线，幅值的大小为 100000N，测点取在距离力作用点 0.15m 处。

下面以完整单桩为例，求其动刚度。测点处的速度-时间曲线如图 2.2-53 所示，速度导纳曲线如图 2.2-54 所示，速度导纳曲线低频段线性拟合如图 2.2-55 所示，求得完整单桩的动刚度为 $K_d=1.0492\times10^9$ N/m。其他试验组直接给出动刚度计算结果如表 2.2-35 所示。

桩-承台结构基桩动刚度特性分析计算结果（单位：N/m）　　表 2.2-35

桩型	动刚度
单根完整桩	1.05×10^9
单桩承台	9.87×10^8
双桩承台	1.44×10^9

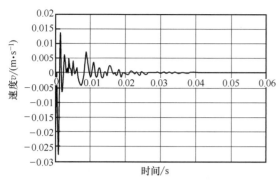

图 2.2-53 速度-时间曲线

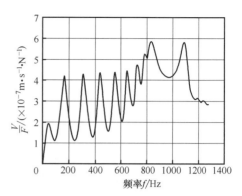

图 2.2-54 测点处的导纳曲线

由表可知,带承台完整桩的动刚度小于单根完整桩,双桩承台的动刚度大于单桩和单桩承台,且双桩承台的动刚度值小于单桩动刚度值的两倍和单桩承台的两倍。理论上,上述模型中完整单桩和完整单桩承台的动刚度值应该比较接近,而实际模拟情况表明,由于承台及上部结构的干扰,两者的动刚度值存在差异。因此采用动刚度法对有承台或上部结构的桩基础进行检测时,要考虑上部结构及承台对检测效果的影响,需采取

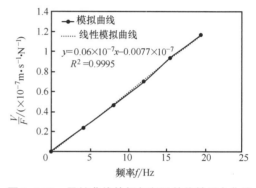

图 2.2-55 导纳曲线的低频段及其线性拟合曲线

相应措施降低上部结构对检测造成的干扰,提高检测的精度和准确性。

完整单桩导纳曲线、完整单桩承台导纳曲线、双桩承台的导纳曲线分别如图 2.2-56~图 2.2-58 所示。由图可见,有无承台对导纳曲线有较大影响,双桩承台的导纳曲线不如单桩和单桩承台的导纳曲线规整,波峰与波峰之间出现了很多波动。相对于单桩而言,单桩承台的导纳曲线衰减较快。单桩和单桩承台的幅频均基本保持一致,而双桩承台的幅频发生了较明显的变化,大波峰之间夹杂着很多较小的波动。

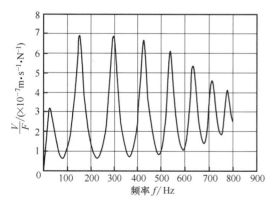

图 2.2-56 完整单桩导纳曲线

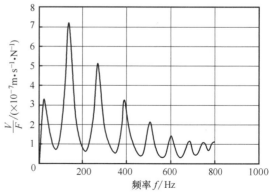

图 2.2-57 完整单桩承台导纳曲线

（2）测点位置对双桩承台结构基桩动刚度的影响特性分析

本算例分为两组，分别在桩中心激振和承台中心激振时，测定距离激振点不同距离处的速度-时间曲线，并求解动刚度值。激励荷载作用在桩中心所对应的承台顶面时，测点布置的位置如图 2.2-59 所示，所测得的动刚度值见表 2.2-36。

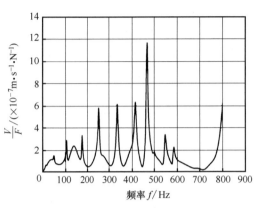

图 2.2-58 完整双桩承台导纳曲线

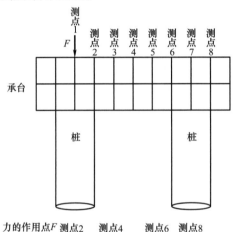

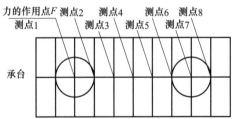

图 2.2-59 力作用点和测点的位置布置图

不同测点距离对应的动刚度值　　表 2.2-36

测点	测点距离激振点的距离（m）	桩身动刚度（N/m）
测点 1	0.0	8.60×10^8
测点 2	0.3	1.10×10^9
测点 3	0.6	1.44×10^9
测点 4	0.9	1.96×10^9
测点 5	1.2	2.70×10^9
测点 6	1.5	3.02×10^9
测点 7	1.8	2.47×10^9
测点 8	2.1	1.61×10^9

以距离激振点的长度为横轴，动刚度为纵轴，作出曲线如图 2.2-60 所示。从图中可以看出，随着测点距离激振点越来越远，求得的动刚度先逐渐增大，在 1.5m 左右达到峰值，随后逐渐减小。

当力作用在承台中心处时，测点布置的位置如图 2.2-61 所示，测得的动刚度值见表 2.2-37。

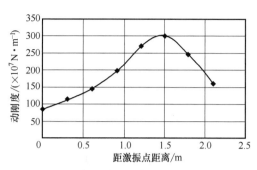

图 2.2-60　测点距离激振点位置与动刚度的关系

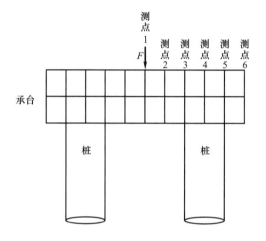

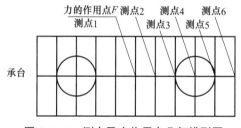

图 2.2-61　测点及力作用点几何模型图

不同测点对应的动刚度值　　　　　表 2.2-37

测点	测点距离力作用点的距离(m)	桩身动刚度(N/m)
测点 1	0.0	1.58×10^9
测点 2	0.3	1.71×10^9
测点 3	0.6	1.83×10^9
测点 4	0.9	1.96×10^9
测点 5	1.2	2.21×10^9
测点 6	1.5	2.51×10^9

以距离激振点的长度为横轴，动刚度为纵轴，作出曲线如图 2.2-62 所示。可以看出，当荷载作用于承台中心点处时，随着距离的增大，动刚度值逐渐增大，当测点在承台的边

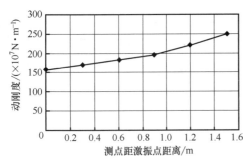

图 2.2-62 动刚度与距离之间关系图

缘时,动刚度值达到最大。

综合上述分析可知,无论激振点在桩中心还是承台中心,在一定范围内,动刚度都随测点距离的增大而增大。这也说明了对于桩-承台结构,要通过测试求得准确的动刚度,测点的位置也非常重要。另外,当传感器不在桩的正上方时,传感器接收的信号中有相当一部分来自桩-承台交界面之外的反射,对动刚度数值产生较大影响。

(3) 激励位置对动刚度的影响及其特征分析

对于带承台桩,由于地震波在桩-承台系统中的传播更加复杂,目前还没有相关研究探求测点位置一定时,激励位置的不同对测得动刚度值的影响。

1) 激励位置对单桩承台动刚度的影响

测点布置的位置如图 2.2-63 所示,荷载的施加点依次取承台面上的 1、2、3、4、5 点,传感器安装位置取承台中心的 3 点处(承台表面对应于桩中心的位置),求得的动刚度值见表 2.2-38。

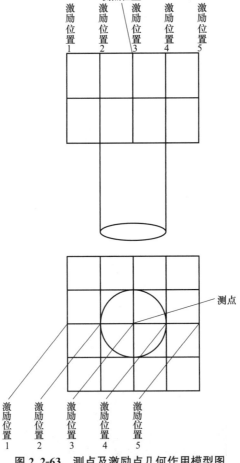

图 2.2-63 测点及激励点几何作用模型图

不同激励位置条件下的动刚度值（单位：N/m）　　　　　表 2.2-38

荷载施加位置	桩身的动刚度	荷载施加位置	桩身的动刚度
1点	1.00×10^9	4点	9.87×10^8
2点	9.87×10^8	5点	1.00×10^9
3点	9.54×10^8		

由表可知，荷载作用在3点的时候动刚度最小，随激振点离测点的距离越来越远，桩身动刚度也越来越大。在承台边缘处施加荷载，计算得的动刚度值最大。

2）激励位置对双桩承台动刚度的影响

如图2.2-64所示，荷载施加点为1~11，传感器安装位置分别取3点和6点，测得的动刚度值见表2.2-39。分别以激励点与测点的距离为横轴，以动刚度值为纵轴，作测点1和测点2的动刚度值随激励点和测点之间距离变化的曲线如图2.2-65和图2.2-66所示，其中，激励点在测点左侧时距离为负值，激励点在测点右侧时距离为正值。

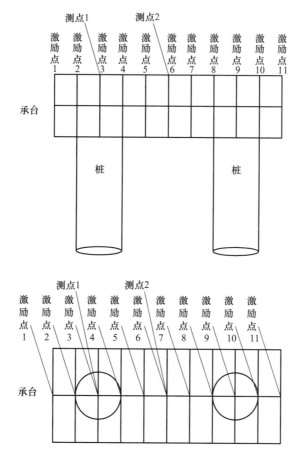

图 2.2-64　测点及激励点几何作用模型图

不同激励点条件下的动刚度值（单位：N/m）　　　　　　　　　　表 2.2-39

荷载作用点位置	由测点 1 处测得的值求得动刚度	由测点 2 处测得的值求得动刚度
1 点	9.83×10^9	2.28×10^9
2 点	1.09×10^9	2.12×10^9
3 点	1.18×10^9	1.99×10^9
4 点	1.40×10^9	1.85×10^9
5 点	1.85×10^9	1.73×10^9
6 点	1.99×10^9	1.59×10^9
7 点	1.99×10^9	1.59×10^9
8 点	3.06×10^9	1.85×10^9
9 点	3.67×10^9	1.99×10^9
10 点	4.00×10^9	2.12×10^9
11 点	3.81×10^9	2.28×10^9

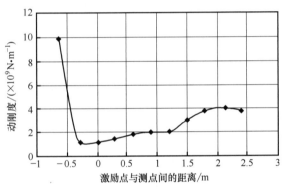

图 2.2-65　测点 1 处动刚度与距离之间的关系

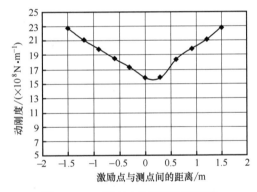

图 2.2-66　测点 2 处动刚度与距离之间的关系

由图可知，对于测点 1，当激励点作用在激励点 1 时，测点 1 处的动刚度值最大；随着激励点作用位置往右移动，测点 1 处的动刚度值呈现缓慢上升的态势。对于测点 2，显然动刚度值随着距离的增大而增加。

（4）缺陷对双桩承台动刚度的影响

本算例通过对比完整双桩承台、断桩双桩承台、离析双桩承台和缩径双桩承台在均质土层条件下的动刚度，研究基桩缺陷对动刚度的影响。桩和承台的平面几何模型图和现场的模型图分别如图 2.2-67 和图 2.2-68 所示。

取桩周土为均质细砂土，激振点为左侧桩的中心点对应的承台表面处，测点为距离激振处 0.15m 位置，荷载的峰值为 100000N。完整桩双桩承台、断桩双桩承台、离析桩双桩承台、缩径桩双桩承台的有限元计算模型如图 2.2-69 所示。

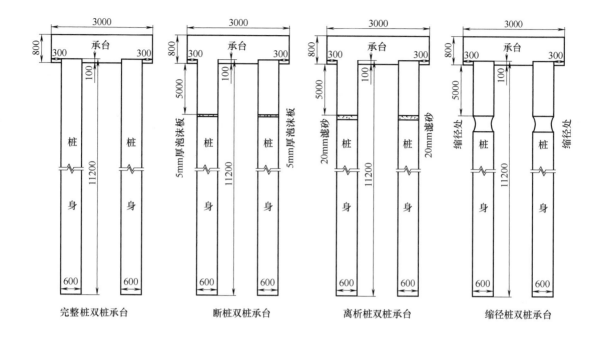

图 2.2-67 桩和承台的平面几何模型图（单位：mm）

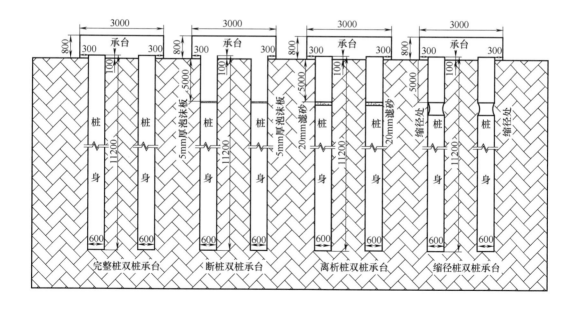

图 2.2-68 桩和承台的现场几何模型图（单位：mm）

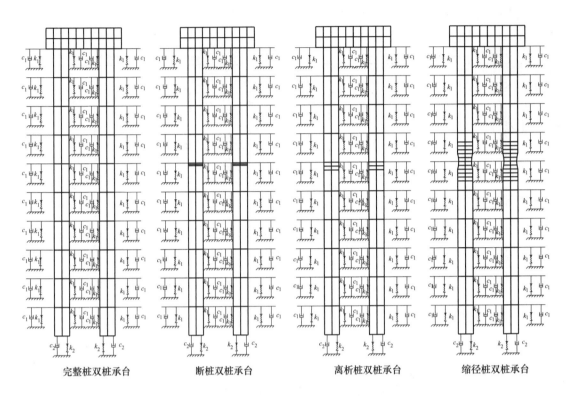

| 完整桩双桩承台 | 断桩双桩承台 | 离析桩双桩承台 | 缩径桩双桩承台 |

图 2.2-69　双桩承台的有限元计算模型

桩承台的激励点位置和测点位置如图 2.2-70 所示。

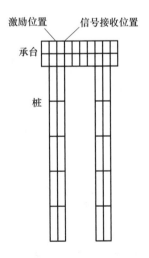

图 2.2-70　激励位置和信号接收位置图

各模型桩的速度-时间曲线如图 2.2-71~图 2.2-74 所示。
各模型桩的速度导纳曲线如图 2.2-75~图 2.2-78 所示。

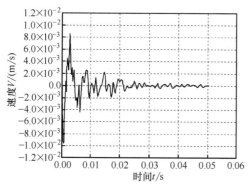

图 2.2-71 完整桩双桩承台的速度-时间曲线

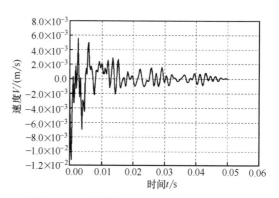

图 2.2-72 断桩双桩承台的速度-时间曲线

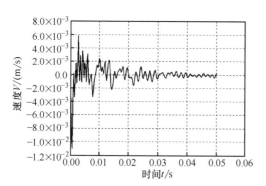

图 2.2-73 离析桩双桩承台的速度-时间曲线

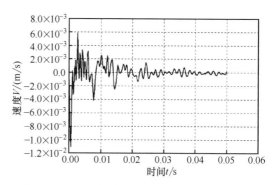

图 2.2-74 缩径桩双桩承台的速度-时间曲线

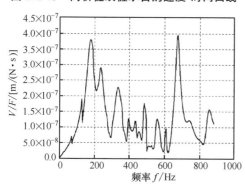

图 2.2-75 完整桩双桩承台的速度导纳曲线

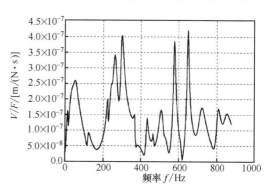

图 2.2-76 断桩双桩承台的速度导纳曲线

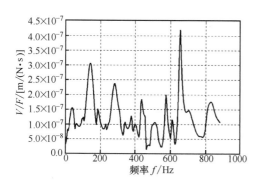

图 2.2-77 离析桩双桩承台的速度导纳曲线

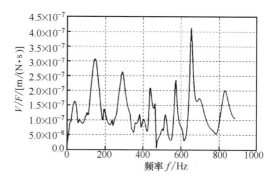

图 2.2-78 缩径桩双桩承台的速度导纳曲线

取上述各导纳曲线的低频直线段进行线性拟合，根据线性拟合直线方程利用式（2.1-34）求得动刚度值。各双桩承台的动刚度值见表 2.2-40。

桩周土为细砂土时双桩承台的动刚度值（单位：N/m）　　表 2.2-40

桩-承台类型	动刚度	桩-承台类型	动刚度
完整桩双桩承台	8.445×10^9	离析桩双桩承台	1.199×10^9
断桩双桩承台	5.774×10^8	缩径桩双桩承台	1.305×10^9

由表可知，桩周土为均质细砂土时，各带承台缺陷双桩的动刚度明显小于带承台完整桩的动刚度值。其中，断桩双桩承台的动刚度与完整桩双桩承台的动刚度值相差最大，其次是离析桩双桩承台，而缩径桩双桩承台的动刚度值则与完整桩双桩承台的动刚度值较为接近。在实际工程中，桩的动刚度大小能一定程度反映桩身的缺陷类型，要进一步确定缺陷的类型及位置则需要结合桩基检测的时域曲线和频域曲线进行判断。

2.3　灌注桩动刚度模型试验

2.3.1　试验目的

对模型基桩开展低应变法、静载试验法和动刚度法测试结果的对比分析，探讨基桩缺陷对基桩动刚度的影响特征，重点解决以下两方面的问题：

（1）通过动刚度数值的变化与基桩缺陷情况之间的内在联系，建立缺陷对基桩动刚度影响特征的相对变化规律；

（2）将基桩的承载力特征值和试验场地的动静刚度对比系数与模型基桩的动刚度进行对比，为建立基于动刚度法的既有桩基承载力评估方法提供依据。

2.3.2　试验设计

在综合考虑试验目的、现场地质条件和结果可比性等因素的基础上，模型试验以广东某高速公路桥梁典型桥墩基础为原型，设计和制作缩尺模型。原型桥墩结构形式选取双柱式墩、单桩单柱，桩径为 1.5m，桩长为 28m，长径比为 18.7。模型试验桩的桩径取 0.6m，缩尺比例为 1：2.5，桩长取 11.2m。模型试验研究内容及模型设计参数详见表 2.3-1，模型桩数量为 4 根，模型桩施工图详见图 2.3-1。

（1）所有桩的桩径均为 600mm，配筋率为 0.4%；所有单桩承台的尺寸和配筋都相同；桩基及承台的混凝土强度等级均为 C25。

（2）缺陷制作方法：①断桩：在距离桩顶约 5m 位置处放置 3mm～5mm 厚的泡沫板；②离析：在距离桩顶约 5m 位置处倒入 20mm～30mm 厚的砂；③缩径：在钢筋笼距离桩顶约 5m 位置处绑缩径模板。

需要说明的是，试验后开挖发现，因现场施工控制不当，原设计为完整桩的 ZJ-1 实际为缩径桩。

模型桩完整性低应变法检测设备为智博联 ZBL-P810 基桩动测仪。现场检测过程见图 2.3-2～图 2.3-5。

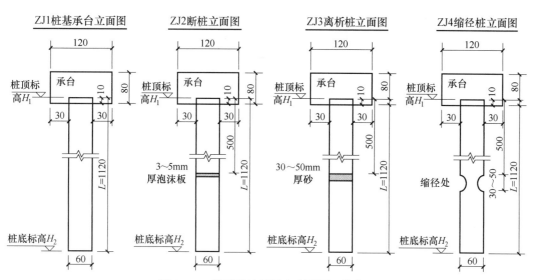

图 2.3-1　模型桩桩基承台立面图（单位：cm）

模型试验研究内容及模型参数设计　　表 2.3-1

编号	研究内容	桩的编号	桩长（m）	特性描述	承台类型	备注
1	无承台单桩的动力响应特征	ZJ-1	11.2	完整桩	无承台	与有承台桩的动力学特点进行对比分析
2	桩身质量缺陷类型对桩基动刚度值的影响	ZJ-2	11.2	断桩缺陷	单桩承台	与完整、无缺陷的 ZJ-1 桩基的检测结果进行对比分析
		ZJ-3	11.2	离析缺陷	无承台	
		ZJ-4	11.2	缩径缺陷	单桩承台	
3	不同检测、评估方法有效性和可靠性对比分析	使用低应变法检测仪对 ZJ-1～ZJ-4 桩基的完整性进行检测，并与动刚度法检测结果进行对比分析				
4	静载试验及承载力验算分析	对 ZJ-1、ZJ-2 桩基开展静载试验，对 ZJ-1～ZJ-4 桩基进行承载力验算，将试验及计算结果与动刚度法和低应变法的检测结果进行对比分析				

图 2.3-2　桩头打磨处理

图 2.3-3　敲击小锤及黄油

图 2.3-4　小锤敲击检测

图 2.3-5　重锤敲击检测

2.3.3　试验设备

动刚度法采用力锤沿桩顶进行冲击激振，通过实测冲击力与桩顶竖向振动的关系，分析基桩的速度导纳曲线。根据动刚度法的基本原理，研制了基桩动刚度法测试设备，通过力传感器采集基桩顶部冲击力数据，布置低频传感器采集桩顶竖向动力响应数据，通过傅里叶变换和传递函数方程分析两者之间的关系，进而推算得到基桩的动刚度。为提高检测数据的准确性、消除测试过程中车辆等外界振动荷载的影响，每根基桩采集 3～5 次循环冲击数据，通过多次测试得到基桩完整导纳曲线。

该试验设备包括以下几个部分：

（1）采集与处理仪器

采用 INV 3060A 系列高性能动态采集仪（图 2.3-6）配接电脑设备，利用 DASP V10 软件（图 2.3-7）进行实时数据采集及分析。

图 2.3-6　高性能动态采集仪

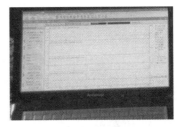
图 2.3-7　数据采集分析界面

（2）测振传感器

采用 ICP 加速度传感器及 891-2 型拾振器（图 2.3-8），其中 ICP 加速度传感器 1 个、891-2 型拾振器 2 个。

(a) 加速度传感器

(b) 891-2 型拾振器

图 2.3-8　测试传感器实物照片

(3) 提升与激振设备

为增加机械化程度、提升检测效率，自主研制了便携式起吊设备。该设备主要由电动卷扬机、底座、支撑管、提升滑轮、脱钩装置 5 个部分构成，可根据现场条件自由组装。设备高度可根据现场条件调节，最大吊升高度为 10m，最小使用净空为 2.2m，电动提升机起重量为 500kg～1000kg，见图 2.3-9。

现有的动刚度法激振设备都是采用力锤敲击直接对桩顶施加脉冲力。对力锤的要求是传感器质量要小，以减少惯性力的影响；锤头要垂直于桩顶面；用于计算的谱宽度要大于 1500Hz。实际检测过程中，由于现场车辆干扰、桩基动力响应不足等原因，冲击力幅度、持续时间和力谱的检测结果会受到影响，导致不能较好地测出真实动力曲线。对此，设计 106kg 重锤进行冲击激振，重锤高 70cm，分 25cm、45cm 两节，两节间采用高强度螺栓连接，周围布置导向杆及保护钢架，接触头采用橡皮头、尼龙头和橡胶头三种（图 2.3-10）。锤击时根据现场环境对干扰信号及时进行规避。

图 2.3-9 电动提升设备

图 2.3-10 重锤及保护钢架

(4) 附属设备

包括发电机和配重设备，发电机为普通汽油发电机，配重设备用于平衡重锤的重量，现场采用 150kg 的混凝土块作为配重设备。

2.3.4 基桩缺陷影响规律研究

2.3.4.1 低应变法测试结果

模型桩低应变法现场检测结果如图 2.3-11 所示。

ZJ-1 桩在 5.52m 处存在一般缺陷信号；ZJ-2 桩在 4.39m 处存在断桩信号，反射强烈；ZJ-3 桩在距离桩顶 1m 范围内存在明显离析，桩底反射信号明显，桩身其他位置无明显缺陷；ZJ-4 桩在 4.37m 处存在明显缺陷反射信号，较 ZJ-1 桩强烈。

在模型桩设计时，ZJ-1 桩设计为完整桩，ZJ-2 桩设计为断桩，ZJ-3 桩设计为离析桩，ZJ-4 桩设计为缩径桩。从现场检测结果来看，ZJ-2 桩在 4.39m 处存在断桩信号，桩底信号仍然存在，经分析可判别缺陷为断桩；ZJ-3 桩在距离桩顶 1m 范围内存在明显离析，桩底信号明显，桩身其他位置无明显缺陷，经分析可判别缺陷为离析；ZJ-4 桩在 4.37m 处存在明显缺陷反射信号，经分析可判别缺陷为缩径。ZJ-1 桩现场检测时在 5.52m 处存在

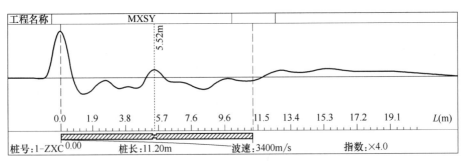

(a) ZJ-1缩径桩检测结果

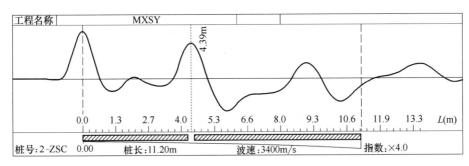

(b) ZJ-2断桩检测结果

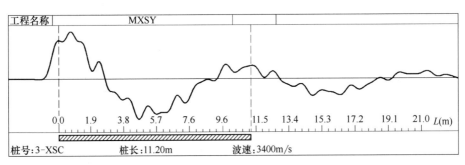

(c) ZJ-3离析桩检测结果

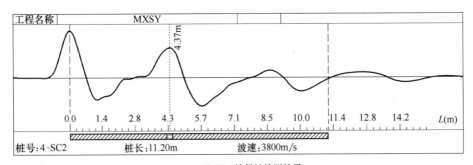

(d) ZJ-4缩径桩检测结果

图 2.3-11　无承台基桩完整性检测结果图

一般缺陷信号，经分析可能为灌注桩施工时造成的桩身缺陷。综上所述，低应变法基本能够检测出基桩缺陷信号，能较好地判别桩身缺陷类型。

2.3.4.2 动刚度法测试结果

检测现场模型桩实物如图 2.3-12 所示。

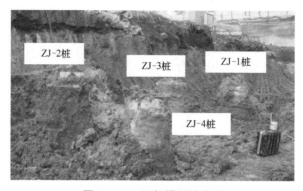

图 2.3-12 四根模型桩全貌

（1）试验准备

动刚度现场测试准备工作包括仪器设备的安装与调试、桩头处理、传感器激振重锤安装等。

1）桩头处理：清理桩头，凿去松散层至密实的混凝土面。将桩头顶面大致修凿平整，并尽可能与周围的地面保持平齐。在桩顶面的正中和径向两侧边缘，用石工凿修整出 1 个直径约 20cm 的圆面和 1～4 个直径约 10cm 的圆面（图 2.3-13），凸凹不平处的高差应小于 3mm。粘贴在桩顶的钢板，其安装传感器的一面用磨床加工成光洁度 0.8 以上的光洁表面，接触桩顶的一面则保持粗糙，以保证其与桩头粘贴牢固。圆形钢板采用粘结剂进行粘贴，大钢板粘贴在桩头中心圆面处，钢板圆心与桩顶中心重合，小钢板粘贴在桩顶边缘的小圆面上。粘贴前应保证结合面干净，粘贴后用水平尺校正水平。主钢筋露出桩头部分不宜过长，以免产生谐振干扰。

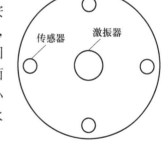

图 2.3-13 桩顶粘贴钢板位置示意图

2）传感器安装：拾振器安装在距离桩边缘 1/4～1/3 桩半径处，ICP 型加速度传感器安装在重锤锤顶位置。桩径小于 0.6m 时，可只布置 1 个测点；桩径为 0.6m～1.5m 时，应布置 2～3 个测点；桩径大于 1.5m 时，应在互相垂直的两个径向布置 4 个测点。在桥梁桩基测试中，只布置 2 个测点时，测点应位于顺流向的两侧，布置 4 个测点时，应在顺流向两侧和顺桥纵轴方向两侧各布置 2 个测点。

3）激振重锤安装：重锤应对准桩顶面的中心点并垂直于桩顶面，确保激振力作用于桩头顶面正中。本次测试选用的激振重锤落距为 1m。

（2）速度导纳曲线参数

采用力锤敲击桩顶，使用速度传感器获取桩顶运动速度，得到力信号和速度信号随时间变化的波形曲线 $v(t)$、$f(t)$，分别对其进行 FFT 运算，变换为频谱 $v(w)$、$F(w)$ 后相除得到桩的导纳幅频曲线。由于冲击振源的噪声影响较大，实际测试中，通常在一根桩上进行多次敲击。外部叠加的噪声随敲击次数平方根的增大而减少，因此一般经过 4 次以上的采样平均可较好地抑制噪声干扰。此外，常采用力和速度的互动率谱与力的自功率谱之比计算速度导纳［式（2.3-1）］，以达到减少输入和输出函数中的噪声干扰、提高测试精度的目的。

$$Y_V(f) = \frac{S_{FV}(f)}{S_{FF}(f)} \tag{2.3-1}$$

式中：$Y_V(f)$ 为速度导纳；$S_{FV}(f)$ 为力和速度的互功率谱；$S_{FF}(f)$ 为力的自功率谱。

实测导纳曲线的噪声干扰程度可用相干函数 $\gamma^2(f)$ 表示［式（2.3-2）］：

$$\gamma^2(f) = \frac{|S_{FV}|^2}{S_{FF}S_{FV}} \tag{2.3-2}$$

式中：$\gamma^2(f)$ 为输入引起的系统响应能量与实测响应能量之比，$0 \leqslant \gamma^2(f) \leqslant 1$。实测结果干扰越小，$\gamma^2(f)$ 越接近1，若 $\gamma^2(f) \leqslant 0.5$，信号不可信。使用相干函数可以对实测导纳曲线进行可信度判断。

（3）现场试验过程

接通提升设备电源，将重锤提升至保护钢架顶部；采集仪器开始采集后，按下提升设备的释放按钮，使重锤垂直下落冲击桩顶；采集仪采集冲击力信号和桩身振动信号，通过计算机处理软件得到试验结果并保存；将重锤提升至保护钢架顶部，准备进行下一次试验。现场检测过程见图 2.3-14～图 2.3-19。

图 2.3-14 传感器与保护钢架

图 2.3-15 起吊重锤

图 2.3-16 采集试验数据

图 2.3-17 安装重锤传感器

图 2.3-18 重锤下落前

图 2.3-19 重锤下落后

(4) 试验结果分析

现场动刚度法测试数据结果包括冲击力信号、速度响应信号和典型导纳曲线。

ZJ-1 桩的测试结果如图 2.3-20～图 2.3-22 所示。ZJ-1 桩的实测导纳曲线在 40Hz 以下近似呈直线,表明基桩在低频段近似呈弹性振动,符合胡克定律,与动刚度理论相吻合。各模型桩的动刚度值如表 2.3-2 所示。

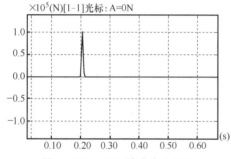

图 2.3-20 ZJ-1 桩冲击力信号

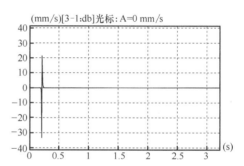

图 2.3-21 ZJ-1 桩速度响应信号

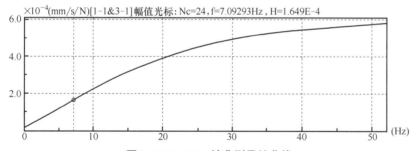

图 2.3-22 ZJ-1 桩典型导纳曲线

无承台基桩动刚度值　　　　　　　　表 2.3-2

桩号	动刚度($\times 10^8$ N/m)	备注
ZJ-1 桩	4.77	缩径桩
ZJ-2 桩	3.49	断桩
ZJ-3 桩	1.35	离析桩
ZJ-4 桩	3.66	缩径桩

图 2.3-23 ZJ-3 桩桩顶截面缺陷

ZJ-1 桩在 5.52m 处出现缩径缺陷，缺陷影响比 ZJ-4 桩轻微，从动刚度数值上也可以反映出来，ZJ-4 桩的动刚度值比 ZJ-1 桩少了近 23.3%。在 4 根模型桩中，ZJ-3 桩桩顶存在明显离析，桩顶截面被严重削弱（图 2.3-23），因此动刚度最小，其动刚度值较 ZJ-1 桩降低了 71.7%，较 ZJ-2 桩降低了 63.3%，较 ZJ-4 桩降低了近 63.1%。ZJ-2 桩为断桩，低应变法测试结果显示 ZJ-2、ZJ-4 桩的缺陷位置很接近，均在 4.4m 左右，故二者的动刚度测试结果基本一致，但 ZJ-4 桩的动刚度值稍大。综合上述分析和 2.3.6 节基桩静载试验测试结果可知，桩身完整性与动刚度数值呈正相关关系，动刚度数值能明显反映出桩身缺陷、断桩等造成的基桩承载力变化，在进行同类型基桩对比时变化更为明显。

2.3.5 基桩承台影响规律研究

无承台单桩测试完成后，在其上部浇筑承台，待承台混凝土浇筑成形后再次进行动刚度测试。根据现场试验条件，在 ZJ-2 和 ZJ-4 桩上部设置承台，施工后的带承台模型桩见图 2.3-24。

（1）现场试验过程

单桩承台基桩动刚度测试仪器和操作步骤与无承台基桩一致。现场检测过程见图 2.3-25～图 2.3-27。

图 2.3-24 带承台的模型桩

图 2.3-25 承台试验前处理

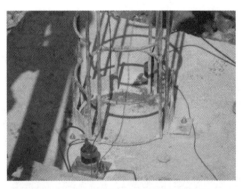

图 2.3-26 安装保护钢架及传感器

图 2.3-27 带承台基桩动刚度测试

（2）试验结果分析

ZJ-2 桩动刚度测试数据结果如图 2.3-28～图 2.3-30 所示。

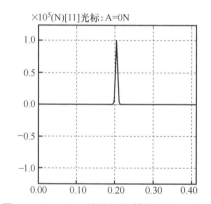

图 2.3-28 ZJ-2 单桩承台基桩冲击力信号

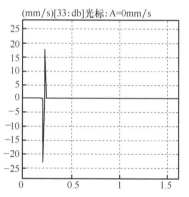

图 2.3-29 ZJ-2 单桩承台基桩速度响应信号

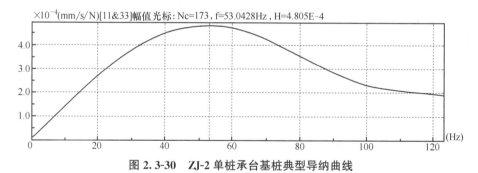

图 2.3-30 ZJ-2 单桩承台基桩典型导纳曲线

根据基桩动刚度测试的速度导纳曲线获得 ZJ-2、ZJ-4 单桩承台基桩的动刚度值如表 2.3-3 所示。

单桩承台基桩动刚度值　　　　　　　　表 2.3-3

桩号	动刚度（$\times 10^8$ N/m）	桩号	动刚度（$\times 10^8$ N/m）
ZJ-2	3.32	ZJ-4	3.54

对本次测试结果分析发现，2 根桩的实测典型导纳曲线在 40Hz 以下近似呈直线，表明基桩在低频段近似呈弹性振动，符合胡克定律，与动刚度理论相吻合；在 57Hz 左右导

纳曲线达到峰值点，然后曲线出现下降，表明基桩弹性振动后出现衰减，与基桩振动规律相吻合。与无承台单桩的动刚度测试结果类似，ZJ-2桩的动刚度测试结果与ZJ-4桩基本一致，但ZJ-4桩的动刚度值稍大。

对比表2.3-3和表2.3-2可见，浇筑承台后基桩的动刚度值略有减小，其中ZJ-2桩减小约4.9%、ZJ-4桩减小约3.3%。与桩身缺陷造成的动刚度值变化幅度相比（23.3%~71.7%），承台对基桩动刚度值的影响较小，不会对桩身完整性的评定结果造成明显影响。

2.3.6 基桩承载力与动刚度的相关性研究

（1）桩基承载力静载试验

对ZJ-1和ZJ-2单桩承台模型桩进行竖向抗压静载试验，分析基桩完整性、动刚度值和基桩承载力之间的关系。静载试验使用的仪器设备包括静力载荷测试仪、应变式压力传感器、容栅式位移传感器、油泵流量控制器、高压油泵、千斤顶等。加载操作过程和卸载操作过程按规范要求进行，现场静载试验过程如图2.3-31所示。

（2）试验结果分析

单桩承台极限承载力静载试验曲线如图2.3-32和图2.3-33所示，由图可知，ZJ-1桩的极限承载力约为635.2kN，ZJ-2桩的极限承载力约为622.7kN，二者的极限承载力基本一致，但ZJ-1桩稍高。由图2.3-34可见，两根桩的各加载级沉降量也基本一致。

图2.3-31 静载试验现场照片

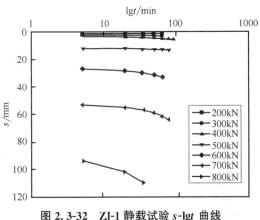

图2.3-32 ZJ-1静载试验 s-$\lg t$ 曲线

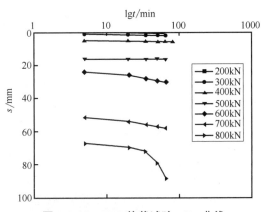

图2.3-33 ZJ-2静载试验 s-$\lg t$ 曲线

由基桩动刚度测试结果可知，ZJ-2 桩的动刚度值较 ZJ-1 桩低 4.6%，静载试验结果表明，ZJ-2 桩的极限承载力较 ZJ-1 桩低 3.0%，由此可见，基桩的动刚度值大小与其承载力存在正相关关系，即基桩的承载力越大，其动刚度值越大。

基桩静刚度 K_s 的数值为静载试验得到的荷载-位移（Q-s）曲线的初始部分斜率，因此根据图 2.3-35，ZJ-1 桩的静刚度 K_s 可近似取 1.515×10^8 N/m。由静载试验可知，

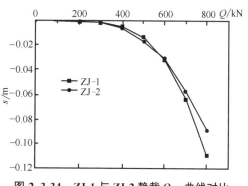

图 2.3-34　ZJ-1 与 ZJ-2 静载 Q-s 曲线对比

ZJ-1 桩的极限承载力为 634.2kN，若安全系数取 2，则 ZJ-1 桩的单桩承载力标准值为 317.1kN，近似可取 320kN。由图 2.3-23 可知，桩基单桩承载力标准值取 320kN 时，相应的沉降量 s 约为 2.6mm。ZJ-1 桩的承载力估算值 $Q = K_s \times s = 393.9$kN，较单桩承载力标准值 317.1kN 大 76.8kN，两者的误差为 19.5%。上节已测得 ZJ-1 桩的动刚度值为 3.54×10^8 N/m，故动刚度与静刚度的比值 $\zeta = K_d / K_s = 2.34$，可作为该场地的动静对比参考资料。

ZJ-2 桩承载力估算值的计算可借鉴 ZJ-1 桩的动静对比资料。动刚度试验测得 ZJ-2 桩的动刚度 $K_d = 3.32 \times 10^8$ N/m，计算得到其静刚度值为 1.42×10^8 N/m。由静载试验可知 ZJ-2 桩的极限承载力约为 622.7kN，安全系数取 2，则 ZJ-2 桩的单桩承载力标准值为 311.35kN，

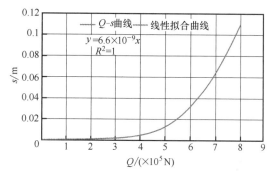

扫码查看彩图

图 2.3-35　ZJ-1 桩静载 Q-s 曲线及静刚度拟合曲线

近似可取 310kN。由图 2.3-23 可知，桩基单桩承载力标准值取 310kN 时，相应的沉降量 s 约为 2.4mm，则 ZJ-2 桩的承载力估算值 $Q = K_s \times s = 340.8$kN，较单桩承载力标准值 311.35kN 大 29.45kN，两者的误差为 9.9%。

ZJ-3、ZJ-4 桩的动刚度值分别为 1.35×10^8 N/m、4.77×10^8 N/m，动刚度与静刚度之比参照 ZJ-1 桩的结果取为 2.34，则两桩的静刚度值分别为 5.8×10^7 N/m、2.04×10^8 N/m。由于 ZJ-3、ZJ-4 桩未进行静载试验，缺乏相应的沉降数据，其单桩承载力特征值对应的沉降量参考 ZJ-1、ZJ-2 桩的静载试验结果按经验近似取为 2.2mm。由此，估算 ZJ-3 桩的单桩承载力特征值 $Q = K_s \times s = 123.2$kN，ZJ-4 桩的单桩承载力特征值 $Q = K_s \times s = 433.4$kN。

综上所述，可以使用桩基的动刚度值评估桩基承载力的相对大小，实际工程中，可以通过确定合理的动刚度下限值，对桩基的承载能力进行预警。此外，通过工程场地的动静对比资料，结合桩基的沉降量经验值，可以对桩基的单桩承载力特征值进行估算。

2.4 嵌岩管桩动刚度测试试验

2.4.1 试验目的

预制管桩预钻孔沉桩工艺能使管桩桩端进入坚硬土层或基岩，清除桩底沉渣并在孔底灌注混凝土后，管桩竖向承载力可显著提高。为评价预制管桩预钻孔沉桩后，孔内夯击对管桩承载力的提升效果，开展嵌岩预制管桩动刚度法测试模型试验。

2.4.2 试验过程

在试验场地内进行基坑开挖，基坑的尺寸为 6m×3m×3m，基坑内布置 2×3 桩群，共 6 根预制管桩，管桩的平面和剖面位置参见图 2.4-1（a）和图 2.4-1（b）。管桩中心距为 1.5m，桩径为 500mm，壁厚为 100mm，桩长为 2.1m，桩底下部设置厚 0.1m、直径 0.55m 的垫层（由碎石、砂和黏土混合组成），模拟钻头提离后的管桩底部沉渣层。试验桩采用钢梁固定，模拟管桩嵌岩深度为 0.4m。基坑的纵向布置如图 2.4-1（b）所示，自下而上分别为钢筋混凝土层（混凝土强度等级为 C30）、素混凝土层（混凝土强度等级为 C30）和水泥砂浆层（包括 Q1、Q2、Q3 三个区域，水泥砂浆强度等级分别为 M5、M10、M15），水泥砂浆层用于模拟不同风化程度的桩端基岩持力层。现场准备过程照片如图 2.4-2 所示。为便于试验后检查桩底处理效果，水泥砂浆层上部暂不回填土体。

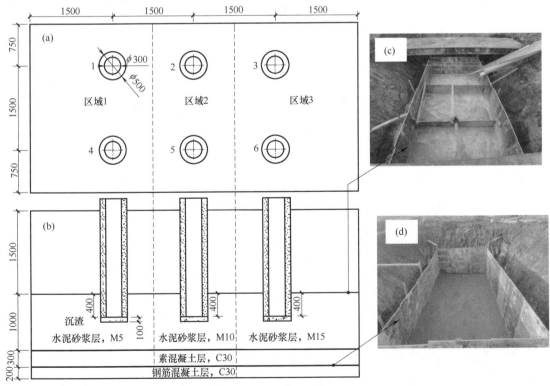

图 2.4-1 试验场地布置图

现场首先开展管桩孔内夯击，待破除桩底模拟沉渣和软岩后，在管桩孔内进行混凝土水下浇筑，1号、2号、4号、6号桩填芯高度为1m，3号、5号桩填芯至桩顶。待混凝土达到28天龄期后，进行嵌岩预制管桩动刚度测试，与管桩夯击处理前的测试动刚度值进行对比。现场施工照片见图2.4-3和图2.4-4。

图 2.4-2　桩底沉渣和试验管桩布置实物图

图 2.4-3　夯击设备

图 2.4-4　孔内浇筑混凝土

图2.4-5为管桩动刚度测试示意图和现场照片。现场测试时，采用带力传感器的重锤敲击桩顶，使用加速度传感器和速度传感器记录数据，测试时激振点与振动采集点在桩顶位置呈180°夹角，通过采集的动荷载和速度响应数据计算得到测试桩的动刚度值。数据采集设备和传感器见图2.4-6。

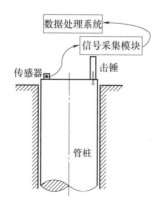

图 2.4-5　现场动刚度检测

(a) 数据采集仪　　　　(b) 速度传感器　　　　(c) 加速度传感器

图 2.4-6　动刚度检测传感器

2.4.3　结果分析

图 2.4-7 为 6 根预制管桩加固前后的动刚度测试值。各桩的测试动刚度值总体一致，平均值位于 $2.0\times10^8\text{N/m}$ 附近，其中 2 号和 5 号桩的初始动刚度值明显高于其他桩，推测可能与管桩平面位置和边界条件差异有关。管桩夯击加固后，所有桩的动刚度值均可见显著提升。由图 2.4-8 可知，各试验桩的动刚度提升率均超过 60%。其中，3 号和 6 号桩的动刚度提升水平最为明显，但两桩加固后的动刚度值仍低于 2 号和 5 号桩，这与两桩初始动刚度值较低有关。由上可知，孔底夯击能够消除桩底沉渣，浇筑后桩端与基岩粘结紧密，显著提高了桩端位置的竖向承载力，进而使得测试动刚度值明显增加。

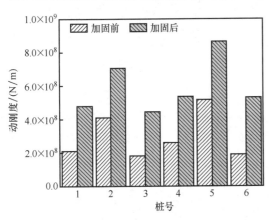 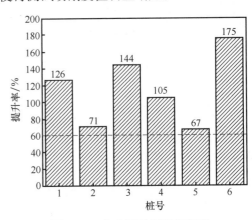

图 2.4-7　加固前后动刚度结果　　　　图 2.4-8　加固后动刚度提升率

图 2.4-9 所示为管桩桩底附近钻取的混凝土芯样。可以看出，桩底混凝土芯样连续、浇筑密实，未见混凝土离析或沉渣夹层，证明孔内浇筑混凝土与模拟岩层接触良好，也证实了动刚度法测试与评估结果的可靠性。

2.4.4　试验小结

本节开展了嵌岩预制管桩动刚度测试试验，分析了孔内夯击加固处理对嵌岩管桩竖向承载性能的影响。现场试验表明，经孔内夯击加固和混凝土填芯处理后，嵌岩预制管桩的动刚度显著提高，与钻芯检测结果揭示的桩底混凝土填芯与模拟基岩连接情况相吻合。

图 2.4-9 桩底钻芯检测结果

2.5 持力层加固管桩动刚度测试试验

2.5.1 试验目的

预制管桩桩底持力土层挤密置换是提高预制管桩竖向承载力的重要措施，有助于减少基础用桩量和单桩竖向沉降。采用动刚度法对预制管桩孔内夯击加固持力土层的效果进行验证，并将动刚度测试结果与单桩静载试验结果进行对比分析。

2.5.2 试验过程

选择某厂房设备基础管桩进行现场试验。如图 2.5-1 所示，管桩基础共 27 根，包括 400mm 和 500mm 两种直径尺寸，桩长为 12m，承载类型以摩擦型为主，单桩承载力设计特征值为 500kN。试验场地地层分布情况见表 2.5-1，埋深 15m 以内主要为可塑状粉质黏土，地下水位深度为 4m～6m，桩端持力层为富水黏性土层。

试验场地地层分布　　　　　表 2.5-1

层号	岩土类型	状态	厚度(m)
②-1 层	粉质黏土	可塑	4.5
③-1 层	粉质黏土(残积)	可塑，局部硬塑	13.3
③-2 层	粉质黏土(残积)	硬塑，局部可塑	13.8
④-3 层	石灰岩	微风化(较完整)	5.2

为提升预制管桩的竖向承载力，采用孔内填料和重锤夯击的方式处理桩端持力土层，从而在桩端形成一定体积的由加固体和被影响土体组成的桩端扩底复合结构。现场采用的夯击设备如图 2.5-2 所示。为评价桩底夯击填料加固方式对管桩承载力的提升效果，采用动刚度法对 5 根试验桩开展了加固前后桩基动刚度测试，同时开展静载试验，对比试验桩加固前后的承载力变化情况。现场试验照片见图 2.5-3 和图 2.5-4。

图 2.5-1 试验桩分布和现场照片

图 2.5-2 夯击设备

图 2.5-3 试验桩动刚度测试

图 2.5-4 试验桩承载力静载试验

2.5.3 结果分析

图 2.5-5 为典型动刚度曲线（13 号桩）。可以看出，填料夯击加固后的桩基动刚度值相比加固前显著提升，提升率约为 46%。图 2.5-6 为 13 号桩加固前后的静载试验曲线，加固后管桩竖向承载力提高了约 74%。从检测结果来看，虽然动刚度值和承载力的提升率有所不同，但动刚度值与静载试验数据的变化趋势基本相同。

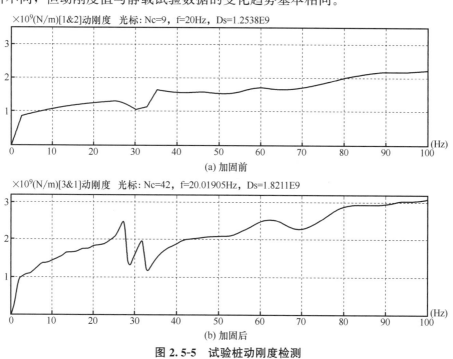

图 2.5-5 试验桩动刚度检测

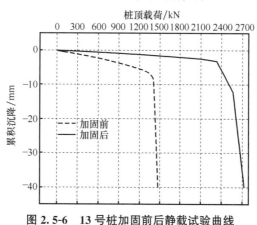

图 2.5-6 13 号桩加固前后静载试验曲线

将 5 根试验桩加固前后的动刚度值和静载试验结果汇总于表 2.5-2，可见填料夯击加固后，各试验桩的动刚度值均有不同程度的提升，各试验桩静载试验所得竖向承载力也同样均有提升。总体来看，直径 500mm 管桩的承载力增幅相比直径 400mm 管桩偏小，推测与填料夯击的施工工艺不同有关。动刚度测试结果的变化趋势与静载试验结果的变化趋势吻合较好，动刚度值增加明显的桩基，其竖向承载力的提高幅度也较大。

试验结果汇总分析　　　　　　　　　表 2.5-2

桩号	桩径(mm)	加固前动刚度(N/m)	加固后动刚度(N/m)	加固前承载力(kN)	加固后承载力(kN)	动刚度提升率(%)	承载力提升率(%)
13	400	1.25×10^9	1.82×10^9	1400	2390	46	74
18	400	1.19×10^9	1.76×10^9	900	2100	48	133
14	500	1.46×10^9	1.68×10^9	1150	1320	15	16
20	500	1.35×10^9	1.46×10^9	1194	1547	8	28
26	500	1.51×10^9	1.75×10^9	1200	1613	16	33

2.5.4 试验小结

本节开展了富水黏性土地层预制管桩桩端持力层加固试验，使用动刚度法检测了加固前后的管桩竖向承载特性，并与静载试验结果进行对比。现场试验表明，孔内填料后夯击的加固方法能够提高管桩桩端软弱持力层的承载力，试验桩动刚度值提升率与静载试验承载力提升率虽然存在差异，但二者的变化趋势始终保持一致，即动刚度值增加明显的桩基，其竖向承载力的提高幅度也较大。因此，动刚度法可以作为评价预制管桩填料夯击加固施工效果的一种方便快捷的检测方法。

第 3 章
既有桩基单孔地震波测试方法研究

20世纪70年代法国学者最早提出采用单孔地震波法（也称作平行地震波法、旁孔透射波法）对既有结构桩基础埋深进行检测。该方法是在桩基周围土体中钻检测孔，在孔中利用三分量检波器接收自桩顶结构激发沿桩身向下传递的地震波，根据桩身透射首波的到达时间规律来判断桩长。单孔地震波法目前已被成功用于探测既有桩基的埋置深度，但该方法对桩基缺陷的探测效果尚不明确。

本章采用数值模拟分析、大比例尺模型试验和现场原位测试等多种方法，研究既有结构桩基完整性单孔地震波法的测试机理，分析桩身结构缺陷和损伤对地震波振幅的影响，揭示地震波在结构-桩基-土体中的传递规律，通过现场试验验证上部结构、桩-孔间距和激振方式等因素对桩长和完整性结果评判的影响，并给出单孔地震波法用于既有桩基完整性检测的工程应用建议。

3.1 单孔地震波法测试原理

单孔地震波法是在待检桩基附近钻检测孔，并在孔中利用传感器接收由桩顶既有结构激发产生沿桩身向桩底传播的纵波，在波的传播过程中除了在桩身遇到波阻抗和桩底反射外，同时有部分地震波向桩周土进行透射，利用地震波在桩身传播和波透射的特征规律和异常，从而通过旁孔中的传感器来检测桩身透射波首波的时间规律（拟合深度-时间直线并识别拟合直线的拐点）判断桩长和桩身完整性的探测方法。单孔地震波法检测桩长的工作原理见图3.1-1。

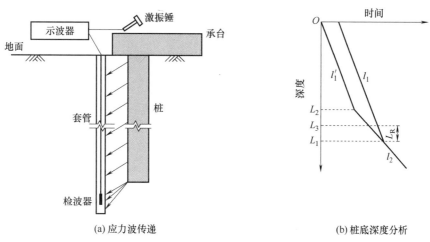

(a) 应力波传递　　(b) 桩底深度分析

图 3.1-1　单孔地震波法检测原理示意图

桩底深度的确定方法目前主要有三种。如图 3.1-1（b）所示，当桩-孔距较小时，近似以直线 l_1 与 l_2 的交点 L_1 作为桩底深度。考虑到桩-孔距（桩与测试孔的净距）会导致以两线交点确定的桩底深度较实际值偏大。为消除桩-孔距的影响，将上段拟合线 l_1 平移过坐标原点，记为 l_1'，并把 l_1' 与 l_2 的交点 L_2 作为桩底深度。该方法在理论上消除了桩-孔距的影响，但当激振点与地面有一定距离时，会导致得到的桩底深度较实际值偏小。陈龙珠等（2010）通过桩-土简化模型建立桩底深度校正值 L_R，推导了相应的桩长计算公式。

我国《城市工程地球物理探测标准》CJJ/T 7—2017 采用式（3.1-1）计算桩端入土深度 H_p；桩身完整性类别应根据检测获得的波列图的波形特征、波幅特征，结合地质条件、桩型、成桩工艺等资料，按照表 3.1-1 进行综合判定。

$$H_p = \begin{cases} H_g & (L \leqslant 1\text{m}) \\ H_g - \dfrac{L \cdot V_c}{\sqrt{V_m^2 - V_c^2}} & (L > 1\text{m}) \end{cases} \tag{3.1-1}$$

式中：H_g 为初至时间深度曲线拐点对应的深度；L 为测试孔与被测基础之间的水平距离；V_m 为基础介质的纵波波速；V_c 为周围土介质的平均纵波波速，宜通过实测求取。

桩身完整性判定特征　　　　　　　　　　　　　　　　　表 3.1-1

类别	时域波形特征	时域波幅特征
Ⅰ	各测点首波斜率规则，桩底波列拐点明显	各测点首波幅值对称规则，幅值无突变
Ⅱ	各测点波列图首波斜率基本规则，出现个别测点首波轻微延时，桩底波列拐点明显	各测点波列图首波幅值基本对称规则，幅值局部轻度变化，出现个别测点首波幅值略有降低
Ⅲ	首波初至时间与波幅有明显异常，其他特征介于Ⅱ类和Ⅳ类之间	
Ⅳ	各测点波列图首波斜率在某处有严重畸变，出现整段测点首波明显延时，桩底波列拐点不明显	测点波列图在某处首波幅值变化明显，首波幅值存在突变

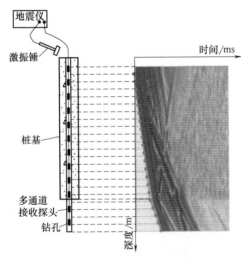

图 3.1-2　孔内地震波法检测原理示意图

单孔地震波法采用在桩旁成孔的方式，通过敲击桩基础和孔内检波器的波形采集，来判断桩基完整性，其结果分析容易受土层性质影响。当桩-孔测试距离增大或地质条件异常复杂时，桩身完整性检测结果的可靠性将有所降低。基于此，提出一种利用桩身预埋超声波探测孔或钻芯检测孔实施桩基完整性检测的孔内地震波测试方法。该方法是在桩基内沿深度方向钻一竖向检测孔或预埋套管，在孔中利用多道检波器接收自桩顶结构激发沿桩身混凝土向下传递的纵波，获取经过桩身透射到测试孔内的地震波，并通过分析初至波到达时间和能量分布情况判断桩身缺陷和桩长，其测试原理如图 3.1-2 所示。

该方法可利用桩身声测管或钻芯检测孔实施桩基完整性检测，通过不同测孔位置采集不同敲击点的激励纵波，实现桩基全断面缺陷的检测。如图 3.1-3 所示，以采用桩身预埋声测管测试为例，具体实施步骤如下：

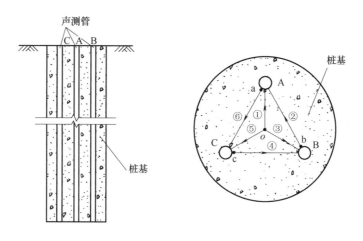

(a) 利用声测管布置测试路径

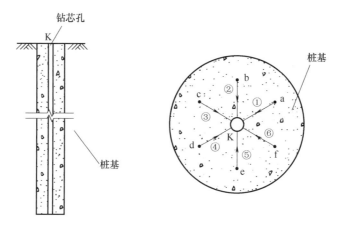

(b) 利用钻芯孔布置测试路径

图 3.1-3　桩基孔内地震波测试路径布置示意图

（1）将声测管注满水，将多通道检波器置于声测管 A 中，敲击桩基中心点 o，通过孔中传感器来采集桩身透射波，得到测试路径①的数据。敲击 c 附近，采集桩身透射波，得到测试路径②的数据。

（2）将多通道检波器移到声测管 B 中，敲击桩基中心点 o，采集桩身透射波，得到测试路径③的数据。敲击 c 附近，采集桩身透射波，得到测试路径④的数据。

（3）将多通道检波器置于声测管 C 中，敲击桩基中心点 o，采集桩身透射波，得到测试路径⑤的数据。敲击 a 附近，采集桩身透射波，得到测试路径⑥的数据。

通过变换激振部位和接收部位，可完成桩身全部位置的完整性检测。

3.2 大比例尺缺陷模型桩测试试验

3.2.1 试验目的

设计并开展了3根大比例尺模型桩的单孔地震波现场试验，测试基桩承载类型包括摩擦端承桩和嵌岩桩，桩身不同部位设置混凝土分层、缩径、桩底沉渣和断桩等缺陷，研究不同缺陷对应的地震波分布特征，对比分析桩-孔距和桩顶激振位置等因素对地震波传递规律的影响，最后给出单孔地震波法用于灌注桩缺陷探测的建议。

3.2.2 试验设计

根据灌注桩实际可能出现的桩身缺陷和损伤情况，制作了3根直径1.2m的人工挖孔灌注桩，桩身混凝土强度等级为C25，缺陷类型包括局部混凝土胶结差、桩身夹泥、桩底沉渣和断桩等，桩身缺陷分布在浅部、中部和桩底附近。为检验实际缺陷与设计要求的一致性，桩身埋设3根钢管用于声波透射法检测基桩完整性，并在距模型桩不同位置埋设测试孔。场地自上往下主要为杂填土、残积土、全～强风化花岗岩及中～微风化花岗岩。地层起伏总体不大，属于较典型的上软下硬二元地层结构。场地地下水位埋深约3.7m。缺陷设置情况与钻孔平面布置参见图3.2-1。表3.2-1汇总整理了各测试孔的深度及与模型桩的距离。

测试钻孔信息汇总　　　　　　　　　表3.2-1

桩号	孔号	孔深(m)	桩-孔距(m)
1	CK1	22.7	0.38
	CK3	21.8	1.50
	CK5	20.0	2.60
2	CK2	22.4	0.22
	CK4	21.4	1.70
3	CK5	20.0	0.32
	CK6	22.4	0.35
	CK3	21.8	1.40

3.2.3 试验方案

单孔地震波法测试时，先在桩周钻孔内填充水以满足声耦合条件。如图3.2-2所示，将接收地震波振动信号的水听器线缆放入测试孔底部，在桩顶选取靠近和远离测孔位置进行激振，记录和保存不同深度水听器接收的地震波振动信号。多道水听器采集的地震波数据，需经地震信号处理程序进行重复道删除、各道排序拼装以及低通滤波等，最后得到满足分析要求的叠加时间-深度曲线。桩长较长或地层条件复杂时钻孔容易发生偏斜，会对桩长和缺陷位置判定产生影响。为确保测试钻孔的竖向垂直度，在现场钻孔过程中对钻杆的垂直度实时监测，以减小成孔垂直度偏差。为验证模型桩实际缺陷与设计的一致性，在

第3章 既有桩基单孔地震波测试方法研究

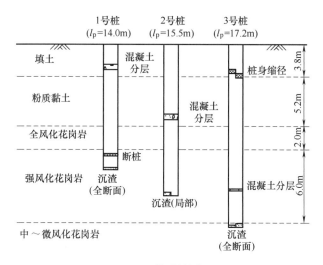

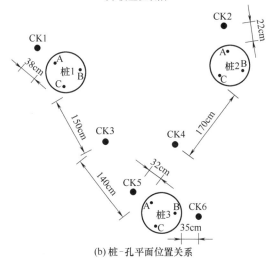

图 3.2-1 模型试验布置

桩身混凝土强度满足检测要求后,采用桩身预埋声测管开展超声波透射法检测。

3.2.4 试验结果分析

3.2.4.1 桩身缺陷分布分析

图 3.2-3 给出了采用超声波透射法检测模型桩完整性的情况,具体如下:

1) 1号桩:埋深 3.3m～3.6m 处声测管 A 附近超声波声速、波幅略小于临界值,桩身存在轻微缺陷(局部混凝土粘结差);埋深 11.7m～12.6m 处 3 根声测管的声速、波幅明显小于临界值,PSD 值突变,波形严重畸变,桩身存在严重缺陷(断桩);埋深

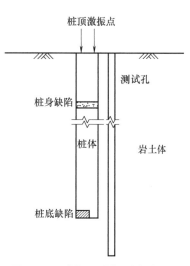

图 3.2-2 激振位置与测试孔关系

· 73 ·

13.6m～14.0m处声速、波幅小于临界值,PSD变大,波形畸变,桩身存在较大缺陷(桩底沉渣)。

2) 2号桩:埋深7.0m～7.3m处声测管A附近声速、波幅略小于临界值,桩身存在轻微缺陷(局部混凝土粘结差);埋深15.0m～15.5m处(桩底)声测管B附近声速、波幅明显小于临界值,PSD值突变,波形畸变,桩身存在较大缺陷(桩底沉渣)。

3) 3号桩:埋深3.5m～4.0m处声测管B附近声速、波幅小于临界值,PSD变大,波形畸变,该处桩身存在较大缺陷(局部夹泥);埋深14.0m附近声速略微低于临界值,PSD变大,存在轻微缺陷(混凝土浇筑质量差);埋深16.7m～17.2m处声测管附近声速、波幅均小于临界值,PSD变大,波形畸变,桩身存在较大缺陷(桩底较厚沉渣)。

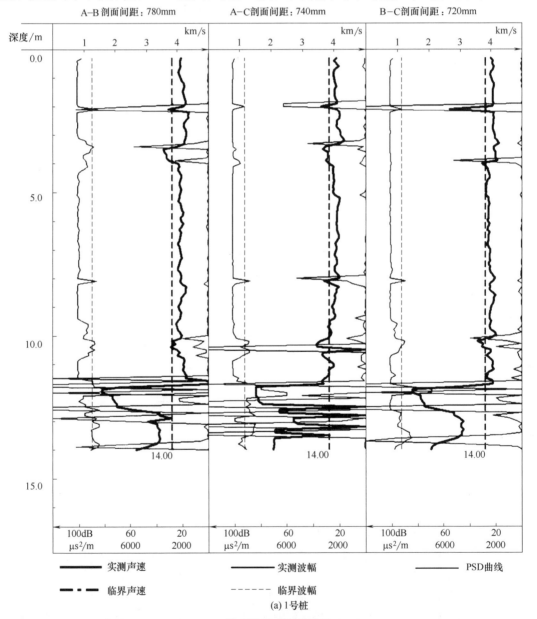

(a) 1号桩

图 3.2-3 模型桩超声测试结果(一)

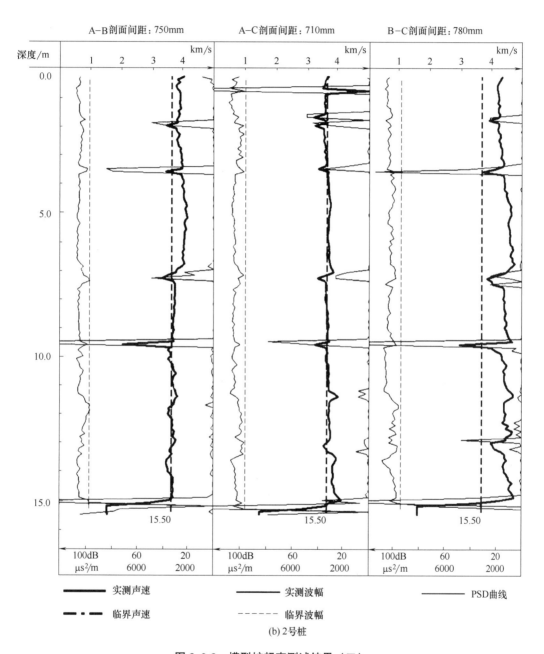

(b) 2号桩

图 3.2-3 模型桩超声测试结果（二）

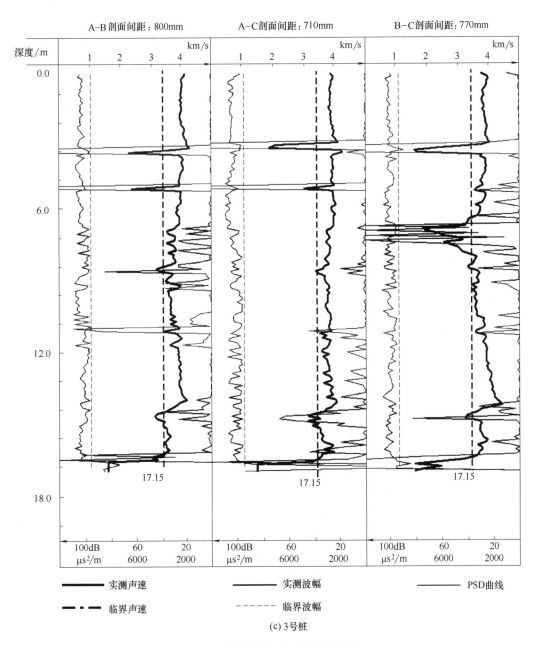

(c) 3号桩

图 3.2-3 模型桩超声测试结果（三）

3.2.4.2 激振位置的影响分析

图 3.2-4 为桩-孔间距为 0.38m 时 1 号桩的单孔地震波法时间-深度关系曲线。为便于判别时间-深度曲线异常波形特征，数据处理时相邻地震波测线间距增大为 0.2m。可以看出，地震波时域波形总体分布规律较清晰，直达波和反射波均可识别。地表至埋深约 3.5m 范围内实测波形呈间断分布，首波振幅很低且延时明显，这与土体位于地下潜水位以上，土颗粒孔隙饱和度低及浅部填土性质不均等因素有关。因此，该位置桩身存在轻微浇筑缺陷的异常波形特征难以判别。在埋深 11.7m～12.6m 处，初至波组斜

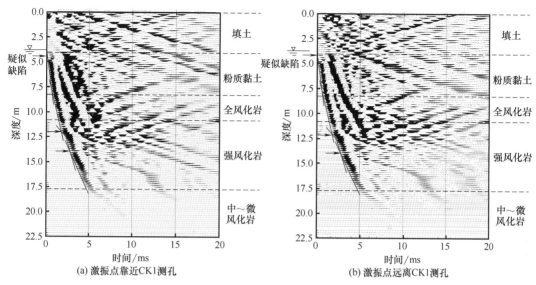

图 3.2-4　P1-CK1 旁孔透射波测试结果

率发生陡降（视速度降至 1200m/s），但首波振幅未见明显衰减。下部桩段视速度部分得到恢复，但较上部正常桩段下降约 30%，表明桩身断裂对桩-土体系中地震波传递产生显著影响。由此可知，桩身断裂缺陷引起波阻抗显著减小会造成该部位初至波到达时间增加不少，即初至波拟合直线出现较明显的三折线形态，中间缺陷段斜率与缺陷严重程度有关。该现象与黄大治（2008）、吴君涛（2019）等采用数值方法的计算结果总体一致。埋深 14.0m 处初至波组拟合直线出现拐点，视波速降低为 1700m/s（桩身混凝土波速较上段降低，与超声波测试结果一致），该深度对应桩底埋深位置，但难以判别沉渣是否存在。图 3.2-4（a）和图 3.2-4（b）中波形曲线分布基本一致，仅激振点靠近测孔时初至波起振时间比远离测孔时提前约 0.2ms，说明对于桩身全断面缺陷，桩顶激振点位置对测试曲线形态影响很小，二者差异主要体现为初至波到达时间整体略微偏移。

图 3.2-5 为桩-孔间距为 0.22m 时 2 号桩的单孔地震波法测试曲线。与 1 号桩类似，地下水位以上杂填土区域（土体处于低饱和度状态）属低波速区，故仅对以下深度波形进行讨论。在埋深 7.5m 附近桩身混凝土局部粘结差部位，可见初至波轻微延时，但首波振幅降低不明显。在桩底（埋深 15.5m）位置，可见初至波拟合直线出现较明显拐点，但该位置附近未见振幅衰减。根据斯涅尔定律，波总是沿着历时最短的路径传递，当激振点紧邻探测孔且该侧桩底无沉渣时，地震波经桩底无沉渣段在桩-土体系进行传递，故桩端深度位置未见波形异常特征。

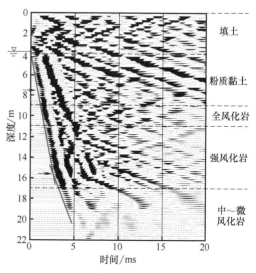

图 3.2-5　2 号桩旁孔透射波测试结果

图 3.2-6 为 3 号桩的单孔地震波法测试曲线。

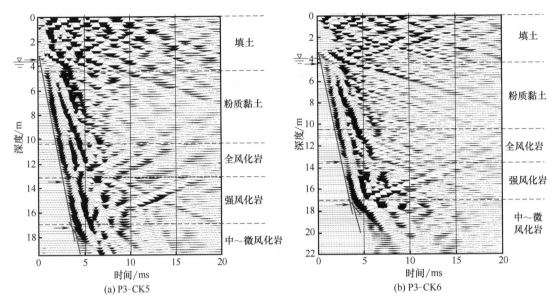

图 3.2-6　3 号桩旁孔透射波测试结果

在埋深 3.2m～4.4m（桩身截面夹泥）缺陷段附近，地震波均可见较明显的首波延时和振幅下降。埋深 14.0m 附近桩身混凝土存在轻微缺陷，首波振幅略微下降，但延时不明显。在桩端埋深部位，桩身初至波组可见直线斜率突变，视波速由 4100m/s（桩体段）陡降至 1250m/s，之后增大至 3700m/s（岩体段）。由此可知，桩底存在沉渣将使桩端初至波拟合直线斜率出现间断，根据该位置波形特征可对嵌岩桩桩端施工质量和桩长进行判别。

3.2.4.3　桩-孔间距的影响分析

图 3.2-7 给出了各试验桩在不同桩-孔距下的首波到达时间拟合曲线。

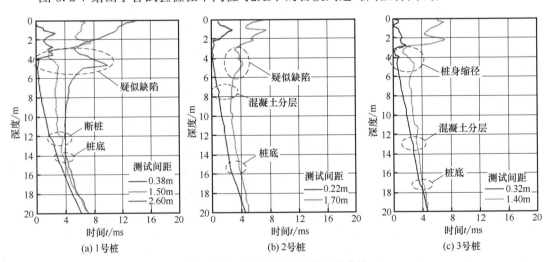

图 3.2-7　初至波到达时间拟合曲线

由图中曲线可知,受地震波在土体中传递距离增加影响,不同性质土层中的波速差异有所增大。浅部土层地震波波速相对偏低,测试距离增大时初至波起振时间延迟现象最明显,初至波分布规律不清晰,无法采用拟合直线斜率推算桩身视波速。随着孔内水听器设置深度增加,地震波在桩体内的传递距离逐渐增大,受深部岩土体波速显著增加影响,各土层中初至波到达时间差有所减小。当采用较大测试间距后,测试结果受地层非均匀性影响更加显著。除严重断桩缺陷外,表征其他类型缺陷(如混凝土粘结差、夹泥和桩底沉渣)和桩长的初至波组斜率突变特征不明显,并且在无桩身缺陷位置出现初至波延时现象,此时几乎无法通过初至波到达时间拟合直线特征识别桩长和桩身缺陷。

已有理论分析和试验结果(Niederleithinger,2012;Liao,2006)表明,当桩-孔距在1m~2m之间时,桩长测试误差通常不超过8%;测试距离超过3m后很难得到有效测试结果。表3.2-2汇总给出了单孔地震波现场试验推算的桩长和桩身缺陷情况。

测试试验结果对比　　　　　表3.2-2

桩号	实际桩长(m)	推算桩长(m)	误差(%)	实际缺陷(深度范围)	缺陷探测结果
1	14.0	13.8	2.9	桩身局部胶结差(3.0m~4.0m)	缺陷未识别
				断桩(11.9m~12.1m)	初至波组斜率陡降,桩段下部波速降低显著(12.1m~12.5m)
2	15.5	15.7	1.3	桩身混凝土分层(6.5m~7.0m)	初至波轻微延时,振幅降低不明显(7.0m~7.6m)
				桩底局部沉渣(15.2m~15.5m)	缺陷未识别
3	17.2	17.3	0.6	桩身局部夹泥(3.2m~3.7m)	初至波轻微延时且振幅降低(3.5m~3.9m)
				桩底局部沉渣(16.8m~17.2m)	初至波直线斜率出现间断(17.3m~18.2m)

注:桩-孔测试间距小于0.4m。

不难看出,当采用较小桩-孔距进行试验时,按交点法推算的桩长与实际长度误差小于3%,测试精度令人满意。对比不同测试间距的结果可知,随着桩-孔测试间距增加,桩身段与土层段拟合直线斜率更加接近,桩底拐点判别难度加大。因此,当采用较大桩-孔测试间距时,测试孔深度应尽可能加大以满足桩底曲线拟合精度要求,这与既有研究提出采用距桩底足够数量的测点线性拟合确定桩底深度的要求基本一致。还可以看出,除浅部轻微缺陷外,其他类别桩基缺陷对应的单孔地震波波形异常特征与实际缺陷严重程度总体能够吻合,初至波到达时间和振幅基本能反映桩基存在的质量问题。

3.2.4.4 孔内地震波测试对比分析

第3.1节提出一种桩基完整性孔内地震波测试方法,以下通过开展的足尺模型试验,检验该方法用于桩基完整性检测的可行性。

模型试验共设计3根足尺灌注桩模型,编号分别为P1桩、P2桩、P3桩。模型桩桩身缺陷和桩周土层分布情况如图3.2-8所示。桩身具体缺陷设置说明参见表3.2-3。

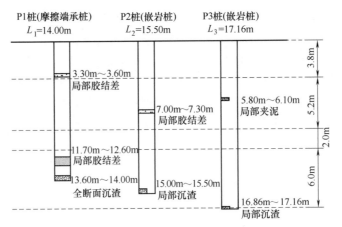

图 3.2-8 模型桩缺陷设置示意图

大比例尺试验桩基模型缺陷设置一览表　　　　　表 3.2-3

桩基编号	桩基长度 $L(m)$	桩基直径 $\phi(m)$	桩基类型	桩基缺陷设置	备注
P1	14.00	1.20	人工挖孔灌注桩	3.30m～3.60m 局部胶结差；11.70m～12.60m 断桩	断桩覆盖范围：3 根声测管
P2	15.50	1.20	人工挖孔灌注桩	7.00m～7.30m 局部胶结差；15.00m～15.50m 局部沉渣	沉渣覆盖范围：1 根单管
P3	17.16	1.20	人工挖孔灌注桩	5.80m～6.10m 局部夹泥；16.86m～17.16m 局部沉渣	夹泥覆盖范围：1 根单管

利用模型试验桩 3 根直径为 $\phi57.0\times1.0$ 的预埋声测管进行孔内地震波法测试，各桩声测管对应编号为 A、B、C；桩基几何平面中心点为 o 点；纵波激励敲击点编号分别为 a、b、c、o。本试验的敲击点和声测管布置位置如图 3.2-9 所示，布置信息如表 3.2-4 所示。为分析地震波传递介质对判别结果的影响，现场还同时开展单孔地震波测试。单孔地震波的钻孔信息参见表 3.2-5。该方法在现场试验时，将多通道检波器置于桩旁测试孔内，然后敲击试验桩桩顶中心和侧边位置，通过孔中传感器获取通过桩-土介质的透射波。

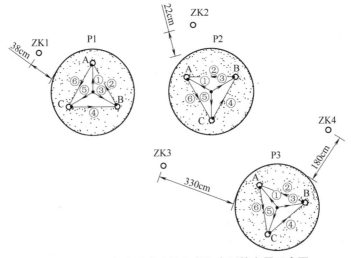

图 3.2-9　孔内地震波法敲击点和声测管布置示意图

孔内地震波法敲击点和声测管布置信息一览表　　　表 3.2-4

桩基编号	BA 声测管间距（m）	AC 声测管间距（m）	CB 声测管间距（m）	oA 中心点到声测管间距（m）	oB 中心点到声测管间距（m）	oC 中心点到声测管间距（m）
P1	0.70	0.66	0.65	0.43	0.42	0.46
P2	0.66	0.70	0.64	0.40	0.45	0.45
P3	0.66	0.66	0.70	0.42	0.44	0.45

单孔地震波钻孔位置信息一览表　　　表 3.2-5

桩基编号	钻孔编号	钻孔深度(m)	桩-孔距(m)
P1	ZK1	22.7	0.38
P2	ZK2	22.4	0.22
P3	ZK3	21.4	3.30
P3	ZK4	21.8	1.80

（1）P1 桩：孔内地震波法和单孔地震波测试结果分别如图 3.2-10 和图 3.2-11 所示。从图 3.2-10 中可以看出，在埋深约 12.00m 处桩身断裂位置，存在明显的波速分界面，波形图像出现明显的上行反射波组，初至波延时和视波速下降等现象，表明桩身断裂引起波阻抗显著降低，造成初至波组斜率发生明显变化。在埋深约 14.00m 处桩底位置，波形图像可见明显的上行反射波组，初至波组斜率也有明显突变。图 3.2-10（a）、（b）中波形分布特征基本一致，说明改变桩顶激振点位置对桩身全断面断裂缺陷的测试曲线影响较小。

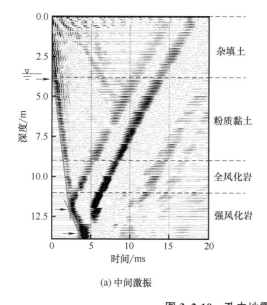 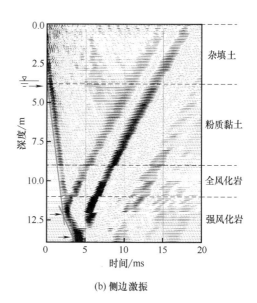

(a) 中间激振　　　　　　　　　　　　(b) 侧边激振

图 3.2-10　孔内地震波测试结果（P1 桩）

由图 3.2-11 分析可知，单孔地震波在 12.00m 深度处同样可见波速下降、初至波延迟等现象，但由于土层对地震波的滤波作用，无论是断桩位置处拟合直线斜率的变化，还是反射波组辨识度都没有孔内地震波法明显。

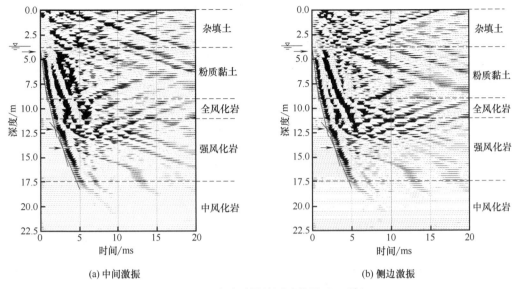

图 3.2-11 旁孔地震波测试结果（P1 桩）

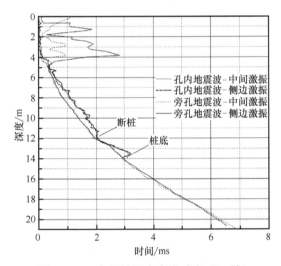

图 3.2-12 初至波拟合直线对比（P1 桩）

提取两种方法的初至波到达时间，得到如图 3.2-12 所示的时间-深度拟合曲线。从图中可以看出，与单孔地震波相比，孔内地震波不受土层、激振位置的影响，能够更加清晰地呈现出断桩位置处拟合直线斜率的变化，有效识别出桩基全断面断裂缺陷位置，在桩身完整性判别方面更有优势。

（2）P2 桩：孔内地震波法和单孔地震波法测试结果分别如图 3.2-13 和图 3.2-14 所示。

从图 3.2-13 中可以看出，埋深 7.00m～7.30m 桩身混凝土局部离析的孔内地震波波形图像初至波组斜率突变特征不明显，未出现上行反射波组。在埋深 15.00m～15.50m 桩底位置出现明显的上行反射波组，初至波组斜率发生明显突变，这与桩底和基岩波阻抗差异有关。

由图 3.2-14 分析可知，在混凝土局部离析位置波形曲线未见初至波明显异常，难以判别桩身混凝土浇筑缺陷。但在埋深 15.50m 处，可见初至波组斜率有明显拐点，可作为桩底判别特征。

图 3.2-15 为两种方法整理获得的初至波时间-深度曲线。从图中可以看出，与旁孔地震波曲线相比，孔内地震波法对桩基全断面胶结缺陷的识别效果并不明显，旁孔地震波法在该位置可见初至波轻微延迟，但仍难以准确评判为桩周土层影响或为桩身缺陷导致。

（3）P3 桩：孔内地震波法和旁孔地震波测试结果分别如图 3.2-16 和图 3.2-17 所示。从图 3.2-16 中可以看出，桩身局部断面夹泥缺陷与激振和接收位置关系密切。当检波器

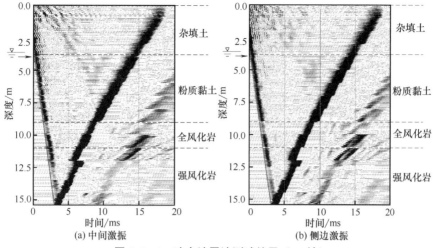

图 3.2-13 孔内地震波测试结果（P2 桩）

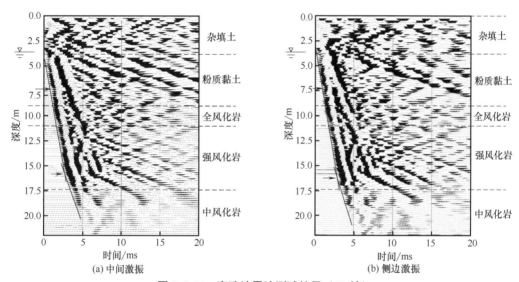

图 3.2-14 旁孔地震波测试结果（P2 桩）

在 B 管内时，无论是在桩中心激振还是在 C 点侧边激振，均能够识别出 5.80m～6.10m 深度位置波形异常。当检波器在 C 管时，无论是在桩中心激振还是在 A 点侧边激振，波形曲线在缺陷深度处均未见异常情况。这是因为局部夹泥缺陷设置在 B 管区域附近，当检波器在 B 管内时，oB 和 BA 两条测线均穿过局部夹泥缺陷区域，但当检波器在 C 管时，oC 和 AC 两条测线均未穿过局部夹泥缺陷范围。在埋深 17.16m 处，可见初至波组斜率出现较明显拐点，与桩底位置总体一致。

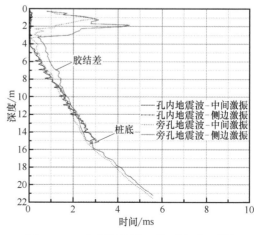

图 3.2-15 初至波拟合直线对比（P2 桩）

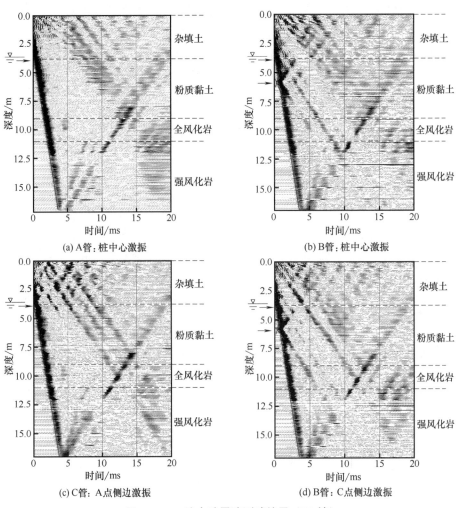

图 3.2-16 孔内地震波测试结果（P3 桩）

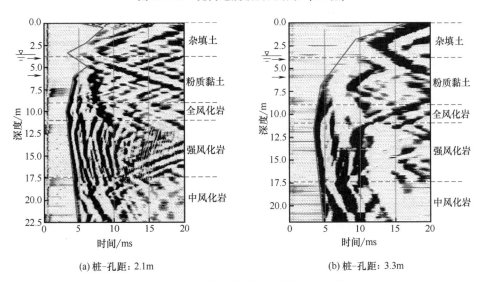

图 3.2-17 旁孔地震波测试结果（P3 桩）

从图 3.2-17 中可以看出，单孔地震波在桩-孔测试距离超过 2.00m 后，波形受土层性质影响非常明显，初至波组沿深度的分布规律较差，无法判别桩身缺陷和桩底。提取孔内地震波法和单孔地震波法初至波的到达时间，得到如图 3.2-18 所示的初至波时间-深度曲线。从图中可以看出，部分孔内地震波法的波形曲线在桩身夹泥位置可见到达时间延长，其判别结果不受土层性质影响，并且测试结果与地震波是否经过缺陷区域密切相关。

采用跨孔超声波法对 P3 桩进行缺陷分布位置验证，测试得到的波形曲线如图 3.2-19 所示。从图中可以看出，A-B、B-C 两个剖面均可见声速下降、PSD 曲线异

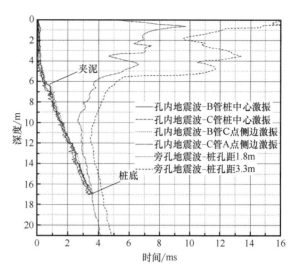

图 3.2-18　初至波拟合直线对比（P3 桩）

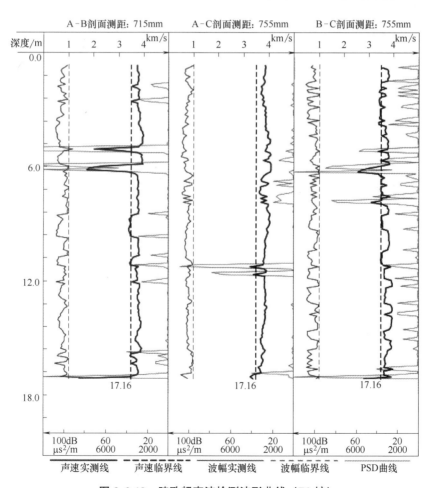

图 3.2-19　跨孔超声波检测波形曲线（P3 桩）

常突变等现象，证实了深度 5.80m～6.10m 的局部夹泥缺陷分布位置，也表明孔内地震波法能够准确判别桩身局部缺陷的平面分布位置。

3.2.5 试验小结

（1）桩-孔测试距离对单孔地震波法判别基桩缺陷影响显著。当测试孔紧邻受检桩（桩-孔距不超过 0.4m）时，单孔地震波法能够对基桩完整性进行有效探测。当桩-孔测试距离超过 1m 后，波形和波速主要反映桩周土层分布均匀性，桩长和桩身缺陷特征大为削弱。

（2）单孔地震波法判别基桩缺陷与缺陷位置关系密切。对于桩身某深度存在的全断面缺陷，在桩顶不同位置激振得到的地震波时间-深度曲线基本一致；对于桩身截面存在的局部缺陷，当地震波接收最短路径穿过缺陷一侧时，反映缺陷的波形异常特征较为明显，否则桩身缺陷波形特征不易识别。

（3）桩身缺陷或结构损伤影响单孔地震波法测得的地震波阻抗差异。桩身混凝土轻微缺陷的初至地震波拟合直线斜率变化不明显；桩身断裂使初至波组拟合直线斜率发生二次突变，在缺陷段上下截面附近可见拐点；桩底沉渣对桩端-土界面透射地震波具有吸收作用，其初至波组斜率突变可作为评判嵌岩桩桩底施工质量的依据。

（4）孔内地震波法能有效识别桩基较明显的断裂、夹泥缺陷，对于混凝土胶结差等轻微缺陷的判别则较为困难。针对桩身存在的局部断面混凝土质量缺陷，通过变换桩顶激振位置，在桩身内部形成多条地震波传递路径，能准确判别桩身缺陷分布位置。孔内地震波法能有效克服单孔地震波结果易受桩周土层性质、桩-孔测试距离等因素影响等不足，判别结果的可靠性相对更高。

3.3 桩身缺陷检测的数值分析

3.3.1 数值分析目的

单孔地震波法检测桩基完整性的可行性已通过前文开展的大比例尺模型试验得到验证，但由于模型试验数量有限，为进一步明确地震波在缺陷桩-土体系中的传递规律和各种因素的影响机制，采用二维有限差分软件 Tesseral 进行桩-土体系建模，开展单孔地震波法的正演模拟，重点分析以下三方面内容：

（1）桩身缺陷的地震波深度-时间曲线特征；
（2）桩-孔间距对桩身缺陷探测效果的影响；
（3）承台结构对桩身缺陷探测效果的影响。

3.3.2 数值模型及参数

根据不同工况建模，各模型地层均相同，由 3 种不同性质土层组成，自上而下土体刚度和强度依次增大，各层土的物理参数参见表 3.3-1。

分层地基土体物理参数 表 3.3-1

土层序号	厚度(m)	密度(kg/m³)	泊松比	P波速度(km/s)
土层1	10	1800	0.48	1.5
土层2	15	1850	0.40	1.8
土层3	25	1900	0.35	2.0

图 3.3-1 为无承台桩基模型，给定桩体、缺陷段和土体弹性波波速等参数，在桩体不同位置设置各类缺陷，桩顶部位进行竖向激振。为减小弹性波在土体边界反射影响，土体模型水平距离和竖向距离分别取 100m 和 50m，土体边界设置为吸收边界。图 3.3-2 为带承台桩基模型，承台厚度为 1.5m，宽 2m。

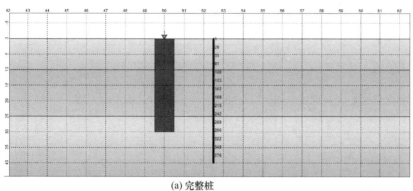

(a) 完整桩

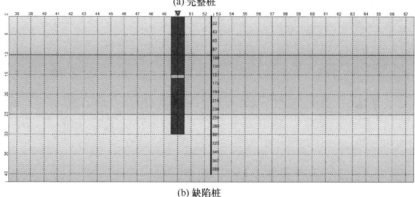

(b) 缺陷桩

图 3.3-1 独立单桩数值计算工况示意图

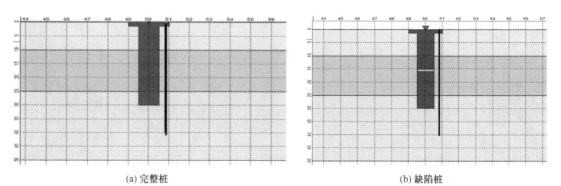

(a) 完整桩　　　　　　　　　　　　(b) 缺陷桩

图 3.3-2 带承台桩基数值计算工况示意图

激振荷载施加位置均位于桩顶中心处。记录总时长取 20ms，采样间隔时间 0.02ms，测试孔内上下采样点相邻 0.1m。桩身缺陷类别包括缩径、断桩、沉渣等，桩身缺陷段泊松比均取 0.3。地震波正演模拟采用有限差分法求解动力学方程，根据设定的时间增量步进行计算。

3.3.3 数值模拟工况

表 3.3-2 为独立桩基完整性测试模拟工况参数，无承台的独立桩基桩长均为 30m，桩径均为 1.0m，桩身设置不同缺陷，不同缺陷对应不同波速，桩-孔距分别按 0.3m、1.0m、2.0m 设置。

独立桩基完整性测试模拟工况　　　　　　　　　　表 3.3-2

编号	桩长(m)	桩径(m)	缺陷类型	缺陷深度范围(m)	缺陷段波速(km/s)	缺陷段密度(kg/m³)	桩-孔距(m)	备注
1	30	1.0	—	—	—	—	0.3/1.0/2.0	基桩参数： P 波速度＝3.8km/s 密度＝2350kg/m³ 泊松比＝0.25 输入地震波参数： 主频＝1500Hz
2-a	30	1.0	混凝土离析（全部截面）	3～4	3.5	2000	0.3/1.0/2.0	
2-b				15～16				
2-c				27～28				
3-a	30	1.0	夹泥（1/3 截面）	3～4	1.8	1800	0.3/1.0/2.0	
3-b				15～16				
3-c				27～28				
4-a	30	1.0	断桩（全部截面）	3～4	1.8	1800	0.3/1.0/2.0	
4-b				15～16				
4-c				27～28				
5	30	1.0	桩底沉渣	30～30.2	1.8	1900	0.3/1.0/2.0	

注：土体模型计算范围为 100m（长）×50m（宽）；桩基位于地基模型中部；测试孔位于桩基右侧。

表 3.3-3 为带承台桩基完整性测试模拟工况参数，带承台桩基桩长均为 28.5m，桩径均为 1m，桩身设置不同缺陷，桩-孔距分别按 0.0m、0.3m、0.7m 设置，承台波速、密度、泊松比与桩基相同。

带承台桩基完整性测试模拟工况　　　　　　　　　　表 3.3-3

编号	桩长(m)	桩径(m)	缺陷类型	缺陷深度范围(m)	缺陷段波速(km/s)	缺陷段密度(kg/m³)	桩-孔距(m)	备注
1-A	28.5	1.0	—	—	—	—	0.0/0.3/0.7	基桩参数： P 波速度＝3.8km/s 密度＝2350kg/m³ 泊松比＝0.25 输入地震波参数： 主频＝1500Hz
2-A	28.5	1.0	夹泥（1/3 截面）	15～16	1.8	1800	0.0/0.3/0.7	
2-B								
2-C								
3-A	28.5	1.0	断桩（全部截面）	3～4	1.8	1800	0.0/0.3/0.7	
3-B								
3-C								
4-A	28.5	1.0	桩-承台连接不良	1.5～1.7	2.5	2000	0.0/0.3/0.7	

注：桩-孔距 0.0m 表示测试孔位于桩基中部；桩-孔距 0.3m、0.7m 分别表示测试孔距离桩基边缘的距离。

3.3.4 模拟结果与分析

3.3.4.1 缺陷类型的影响分析

模拟分析的桩身设置缺陷类型有包括混凝土离析、夹泥、断桩、桩底沉渣。图 3.3-3 为当桩-孔距设置为 0.3m 时，桩身设置不同缺陷情况下单孔地震波法的数值模拟结果，给出了桩顶自由时缺陷桩的地震波时间-深度关系曲线计算结果。

由图 3.3-3（a）～（d）的时间-深度曲线计算结果可知，地表、土体分层界面和桩端-土界面等位置波阻抗差异明显，地震波多次发生反射和折射，可见反射波波宽和波形不一致现象。对于桩身混凝土分层、离析等轻微缺陷桩基，首波到达时间和拟合直线斜率在缺陷部位变化不明显 [图 3.3-3（a）]；当桩身存在夹泥、断桩之类缺陷时，因这些部位波阻抗变化十分显著，首波可见较明显的首波斜率减小（首波延时）与反射波组同相轴间断现象，但缺陷部位若靠近土界面或桩端，受不同介质界面反射和折射波叠加影响，该位置桩身缺陷无法直接根据时间-深度关系进行缺陷分析，但可比较缺陷段转折线与无桩时分层土界面直线斜率，如二者有明显差异可推测桩身可能存在缺陷 [图 3.3-3（b）、（c）]；桩端底部沉渣对桩-土界面透射的地震波具有吸收作用，若桩端土体波速与其相差不大，很难通过时间-深度关系数据判别该类缺陷 [图 3.3-3（d）]。

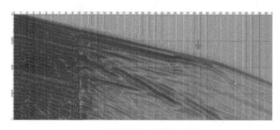
(a) 缺陷类型：混凝土离析；
缺陷段埋深：27m～28m

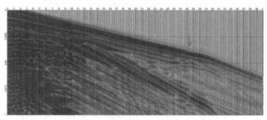
(b) 缺陷类型：夹泥；
缺陷段埋深：27m～28m

(c) 缺陷类型：断桩；
缺陷段埋深：27m～28m

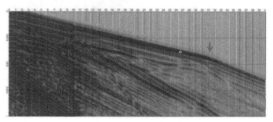
(d) 缺陷类型：桩底沉渣；
缺陷段埋深：30m～30.2m

图 3.3-3 桩-孔距 0.3m 时桩身不同缺陷模拟结果

因此，大直径桩混凝土浇筑轻微缺陷对应的地震波形特征与正常桩段差异不大，但桩身夹泥（缩径）、断桩等缺陷的首波波速、反射波组异常特征相对比较明显，具备良好测试条件时可能将其识别。

3.3.4.2 桩-孔间距的影响分析

为分析桩-孔间距对单孔地震波法测试结果的影响，按桩-孔间距分别为 0.3m、1.0m、2.0m 进行动力数值计算。图 3.3-4 为缺陷类型为夹泥时，不同桩-孔距离的单孔地震波法测试结果；图 3.3-5 为缺陷类型为断桩时，不同桩-孔距离的单孔地震波法测试结果。

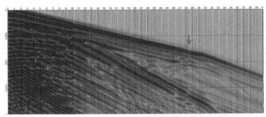
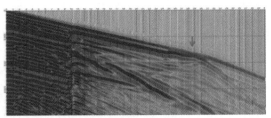

(a) 桩-孔距0.3m　　　　　　　　　　　(b) 桩-孔距1.0m

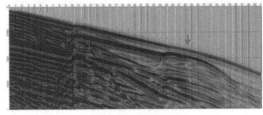

(c) 桩-孔距2.0m

图 3.3-4　单孔地震波法测试结果（缺陷类型：夹泥；缺陷段埋深：27m～28m）

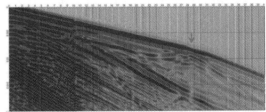
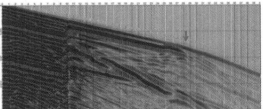

(a) 桩-孔距0.3m　　　　　　　　　　　(b) 桩-孔距1.0m

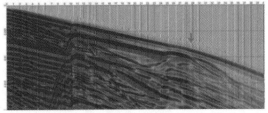

(c) 桩-孔距2.0m

图 3.3-5　单孔地震波法测试结果（缺陷类型：断桩；缺陷段埋深：27m～28m）

在桩身完整性判别方面，桩身混凝土存在离析等轻微缺陷时，首波到达时间、拟合直线斜率和反射波组未见异常，即便桩-孔间距为 0.3m 也难以对缺陷进行判别；对于桩身夹泥、断桩类缺陷，因缺陷部位波阻抗差异较大，首波拟合直线斜率可见较明显的变化，并且浅部缺陷部位因具有更大的桩-土波速差异，异常信号特征比深部位置更加清晰，当桩-孔间距超过 1m 后首波突变特征变得不再明显，仅能通过反射波组同相轴间断特征大致进行缺陷判别。为得到较好的桩身完整性判别效果，建议桩-孔测试间距不超过 0.5m。

图 3.3-6 为完整桩基在不同桩-孔间距条件下单孔地震波法的测试结果。

对于桩长判定来讲，在桩顶竖向激振条件下，无缺陷桩基初至波时间-深度关系包括桩身直线段、桩端土体直线段及两直线间曲线段。桩-孔距越大，地震波首波分布受地层性质的影响越明显，桩底以上桩段与桩底以下土体的首波到达时间差逐渐减小，表现为上下段拟合直线斜率更加接近，曲线过渡段曲率半径更大。桩-孔距在 1.0m 以上时，桩长

(a) 桩-孔距0.3m　　　　　　　　　　(b) 桩-孔距1.0m

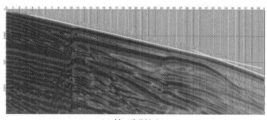

(c) 桩-孔距2.0m

图 3.3-6　完整桩基单孔地震波法测试结果

判别需保证足够的测试孔深，否则推测桩底埋深要比实际情况偏小，测试精度也将有所降低。桩-孔距小于1.0m时，交点法结果推测桩长可满足工程精度要求。桩-孔距超过1.0m时，采用平移法进行深度修正也可得到与实际一致的结果。

3.3.4.3　上部承台的影响分析

图 3.3-7 为桩身断裂时的地震波时间-深度关系曲线。桩-孔测试距离越小，桩身浅部 3m～4m 处断桩缺陷波形异常特征越明显，间距达 0.7m 时缺陷段影响深度最大，埋深 3m～5m 均可见初至时间拟合直线延迟，但直线斜率变化程度不如小间距时明显。当探测孔位于桩身中部时，承台对初至直达波形基本无影响，但桩-承台界面上下反射波组可见较明显的竖向错断现象；当探测孔位于桩身外部时，不论钻孔是否穿过承台，桩-承台结

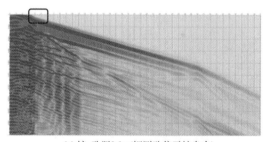
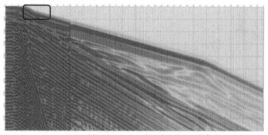

(a) 桩-孔距0.0m(探测孔位于桩身内)　　　　　　(b) 桩-孔距0.3m(探测孔位于承台内)

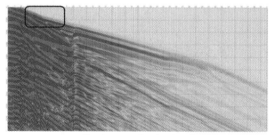

(c) 桩-孔距0.7m(探测孔在承台外)

图 3.3-7　单孔地震波法测试结果（缺陷类型：断桩；缺陷段埋深：3m～4m)

合部位地震波均可见初至波斜率变化,且钻孔在承台内时直线突变更加显著,同时反射波组也可见较明显的斜向错断。

图 3.3-8 为桩身局部(单侧)夹泥时的地震波时间-深度关系曲线。当桩-孔测试间距为 0.0m 时,由于钻孔位于桩身中部,夹泥缺陷靠近桩身边缘,从桩顶激发的地震波可绕过缺陷部位沿桩身自上而下传递,探测孔中接收的直达波和反射波信号很难反映桩侧缺陷特征;当桩-孔测试间距增加到 0.3m 时,不论是初至波还是反射波,在桩身缺陷位置均可见较明显的波异常特征,即初至波拟合直线斜率突变、反射波轴间断现象;当桩-孔测试间距进一步增加到 0.7m 时,桩身夹泥缺陷特征已不明显,很难进行缺陷判识。

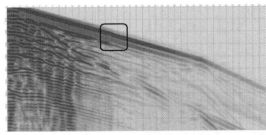

(a) 桩-孔距0.0m(探测孔位于桩身内)

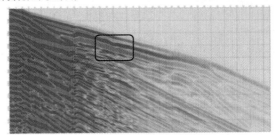

(b) 桩-孔距0.3m(探测孔位于承台内)

(c) 桩-孔距0.7m(探测孔在承台外)

图 3.3-8 单孔地震波法测试结果 (缺陷类型:局部夹泥;缺陷段埋深:**15m~16m**)

图 3.3-9 为桩-承台连接不良时计算的地震波时间-深度关系曲线。

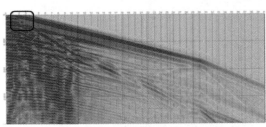

(a) 桩-孔距0.0m(探测孔位于桩身内)

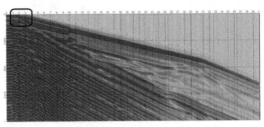

(b) 桩-孔距0.3m(探测孔位于承台内)

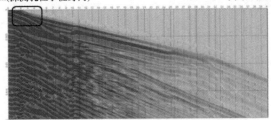

(c) 桩-孔距0.7m(探测孔在承台外)

图 3.3-9 单孔地震波法测试结果 (缺陷类型:桩-承台连接不良;缺陷段埋深:**1.5m~1.7m**)

当桩-孔测试间距为0.0m时，虽然顶部0.2m厚混凝土浇筑质量相对较差，在该位置附近仍未见到较明显的初至波延迟现象（拟合直线斜率未发生变化），这与缺陷段长度较短且波速降低不多有关；当桩-孔测试间距增加到0.3m和0.7m时，初至波在承台-桩顶界面以下可见斜率变化，但很难区分波速下降是由缺陷还是桩周土引起，但承台-桩界面位置能够看到反射波斜向错断现象。因此，单孔地震波法对承台-桩基连接质量缺陷无法进行有效探测和识别，此时可采用对波阻抗变化更加敏感的孔内管波法进行缺陷探测。

3.3.5 分析小结

（1）单孔地震波法用于检测既有桩基长度时桩-孔测试间距应小于1m。桩-孔距增大时，探测孔深度应超过桩底埋深至少5倍桩径才能保证桩长判别的准确性。

（2）桩身缺陷部位通常可见首波斜率减小、振幅下降和反射波组同相轴间断等现象。对于桩身存在局部缺陷的情况，当测试孔靠近缺陷侧时，首波时深直线斜率有较明显的变化。

（3）对于与承台连接的桩基来讲，桩-孔测试距离越小，桩身浅部断桩和夹泥缺陷波形异常特征越明显。当探测孔位于桩身外部时，桩-承台结合部位地震波均可见初至波斜率变化，同时反射波组也可见较明显的斜向错断。单孔地震波法对承台-桩基连接质量缺陷的探测和识别能力有限。

3.4 既有桩基长度探测的原位试验

3.4.1 试验目的

当承台已与上部结构连接时，在桩顶或上部结构进行竖向激振不易实现，现有研究很少有对结构竖向激振效果进行讨论。另一方面，由于采用的试验设备与环境条件对单孔地震波测试结果影响较大，已有解析与数值计算假定与实际情况并不完全一致，分析结果不一定能直接指导既有桩基检测与评定工程实践。

依托某市政桥梁施工项目开展单孔地震波法探测桩长原位试验研究，测试时间先后选取桩基完工（上部结构未施工）和桩基与上部结构均完工两个阶段，着重分析桩顶激振方式、桩端嵌岩条件与上部结构等因素对测试结果的影响。试验目的包括：①针对墩柱等上部结构已完成的既有桩基，分析桩顶处于不同约束状态（桩顶自由或刚接）对单孔地震波法测试结果的影响；②对比采用桩顶横向、竖向激振，以及墩柱侧面不同角度激振获得的地震波波形特征异同；③针对典型上软下硬地层中的桥梁桩基，分析单孔地震波法对嵌岩桩桩长的探测效果。

3.4.2 试验概况

原位试验场地选取广州某在建市政桥梁项目，试验位置桥梁上部结构为三柱式墩，墩柱直径均为1.3m，下部采用独立桩基，桩基设计长度22m，桩径1.5m。桩号分别为P1、P2和P3，如图3.4-1所示。

试验场地地下水位埋深约2.2m，勘察揭露的桩基附近土层情况：0.0m~2.0m为素填土；2.0m~7.5m为砂质黏性土；7.5m~8.6m为强风化混合岩，黄褐色，风化剧烈，

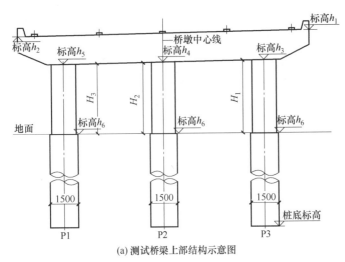

(a) 测试桥梁上部结构示意图　　(b) 现场桩基

图 3.4-1　测试桥梁上部结构与桩基

岩芯呈碎块状，岩块手难折断，锤击易碎；8.6m～11.4m 为中风化混合岩，黄褐色，裂隙发育，裂隙层间多夹铁质薄层渲染，岩芯呈短柱状，岩质较硬；11.4m～26m 为微风化混合岩，灰色，细粒变晶结构，块状构造，裂隙较发育，岩芯短柱状，平均长度约 40cm，其中，埋深 17m～18m 钻取岩芯呈碎块状。该场地具有华南地区典型的上软下硬地层特征。图 3.4-2 为测试孔位置钻取的岩土芯样照片。

(a) 测孔1　　(b) 测孔2

图 3.4-2　场地探测孔钻取的芯样

3.4.3　试验方案

图 3.4-3　测试孔与桩基相对位置关系

如图 3.4-3 所示，地震波接收测孔对称布置于 P1 桩和 P2 桩中间，两孔间距 1.2m，与测试桩边缘距离均为 1.0m。两测试孔深度分别为 25.5m 和 26.0m，孔内套管周围填砂使其与土层紧密接触。为保证桥梁上部结构施工和地基回填后能够继续进行单孔地震波法测试，测试孔上部预留一定长度套管延伸至地面以上。

现场试验步骤包括：①在桩身强度达到检测要求后，对受检桩基进行低应变法与钻芯法检测，评价桩身完整性、桩长和持力层状况，为单孔地震波法测试提供可靠对比数据。②当桩基承台和墩柱尚未施工前，桩顶处于自由状态。采用单孔地震波法进行独立桩基检测，震源激发包括横向敲击桩头边缘和竖向敲击桩头中心两种方式［图 3.4-4（a）和图 3.4-4（b）］。测试时先将 12 道水听器置于孔底，每敲击桩顶一次，检波并提升水听器链 0.1m，重复该过程直至完成全部测试。③当试验桩顶墩柱和盖梁完工后，桩顶与上部结构为刚性连接，再次开展单孔地震波法测试［图 3.4-4（c）和图 3.4-4（d）］。由于桩基和承台均埋置于地下，结构激振部位选取墩柱侧面，锤击方式包括横向激振（指向测试孔）、横向激振（斜向测试孔）、横向激振（垂直测试孔）、斜向激振（指向测试孔），如图 3.4-5 所示。

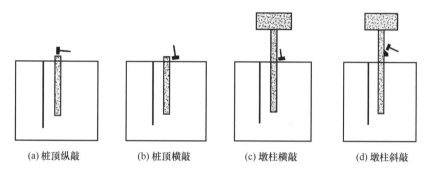

(a) 桩顶纵敲　　(b) 桩顶横敲　　(c) 墩柱横敲　　(d) 墩柱斜敲

图 3.4-4　既有桩基单孔地震波法激振方式示意图

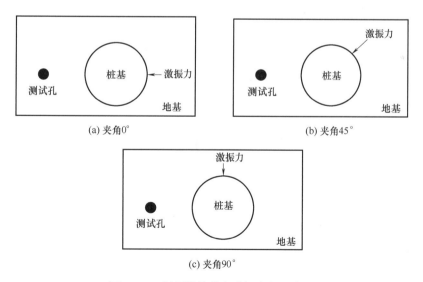

图 3.4-5　桥梁墩柱横向激振方向示意图

为实现墩柱侧面斜向锤击，设计制作了可满足桥墩斜向激振辅助垫块。图 3.4-6 为该辅助垫块的实物与现场应用照，该垫块底面进行了粗糙处理，通过手持按压可与墩柱表面紧密接触，也可通过锚固螺栓固定于墩柱侧面。

(a) 辅助垫块实物　　　　　　　(b) 现场应用

图 3.4-6　桥梁墩柱斜向激振辅助垫块

3.4.4　结果分析与讨论

3.4.4.1　桩基完整性检测

采用低应变法对受检桩进行桩长和完整性检测。由图 3.4-7 可知，由于基岩埋深较浅，自桩顶向下 9m 附近（岩面）可见十分明显的负反射信号，桩长范围内均未见明显缺陷信号特征。桩底反射信号不清晰，说明桩底与基岩面连接紧密，基岩完整且岩性较好，受检桩桩身质量良好无明显缺陷。

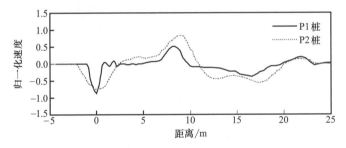

图 3.4-7　受检桩低应变反射波时域曲线

对 2 根桩基采用钻芯法进行检测与评定，芯样外观特征及强度检测结果参见表 3.4-1。由相关规范可知，测试基桩按完整性可评定为Ⅰ类，混凝土芯样抗压强度代表值为 45MPa；检测桩长与有效施工记录桩长相符；桩底未见沉渣，满足设计要求；桩端持力层基岩性质良好，且较为完整（岩样抗压强度代表值 31.8MPa），与低应变法评判结果基本一致。图 3.4-8 为现场钻取的桩身混凝土芯样照片，可见桩端以下岩性致密、完整。

桩基钻芯法完整性检测结果　　　　　　　表 3.4-1

检测内容	P1 桩	P2 桩
混凝土芯样特征	桩身混凝土呈短柱状～长柱状，断口吻合；混凝土芯样连续、完整，表面光滑，胶结较好；骨料分布均匀，芯样侧面仅见少量小气孔，芯样总长 22.15m	桩身混凝土大部分呈长柱状，局部呈短柱状，断口吻合；混凝土芯样连续、完整，表面光滑，胶结较好；骨料分布均匀，芯样侧面仅见少量小气孔，芯样总长 22.16m
芯样抗压强度	桩身上、下端和中间部位抽检强度代表值为 44.2MPa、58.4MPa、62.2MPa	桩身上、下端和中间部位抽检强度代表值为 45.8MPa、51.1MPa、57.7MPa
沉渣情况	桩底混凝土与持力层接触良好，未见沉渣	桩底混凝土与持力层接触良好，未见沉渣

续表

检测内容	P1桩	P2桩
持力层芯样特征	22.15m～26.98m 中风化混合岩：中粗粒花岗岩结构，块状构造，岩石裂隙较发育，岩芯多呈短柱状	22.16m～23.50m 中风化混合岩：中粗粒花岗岩结构，块状构造，岩石裂隙较发育，岩芯多呈短柱状

(a) P1桩

(b) P2桩

图 3.4-8 桩身混凝土与持力岩层芯样照

3.4.4.2 桩顶激振方向的影响

图 3.4-9 为竖向测试间距取 0.5m 时 P1 桩单孔地震波法时间-深度关系剖面。不难看出，不论桩-孔测试间距大小如何变化，采用竖敲和横敲得到的波形特征总体差异不大，初至波与反射波组分布规律几乎一致，这与桩顶不产生向上传递和向下反射的地震波有关。当桩-孔测试间距由 1m 增大到 2m 时，桩顶竖敲与横敲的初至波波形差异程度开始显现，主要表现为竖向激振的初至波振幅比横向激振时更大，初至波到达时间拟合曲线更加清晰。初步分析，该现象与横敲时主要激发桩身弯曲横波，向下透射的纵波能量有所削弱有关。同时也能看出，较大的桩-孔测试间距引起波在土体中传递路径延长，由于场地为

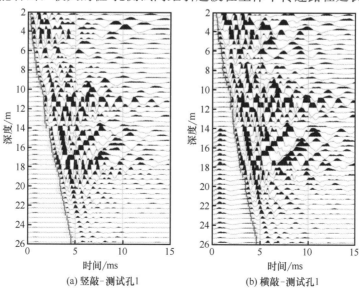

(a) 竖敲-测试孔1　　　　　　(b) 横敲-测试孔1

图 3.4-9 P1 桩测试时深剖面（测点间隔 0.5m）（一）

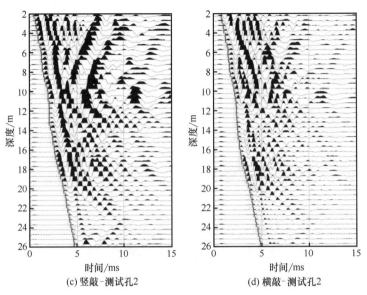

(c) 竖敲-测试孔2　　　　　　　　(d) 横敲-测试孔2

图 3.4-9　P1 桩测试时深剖面（测点间隔 0.5m）（二）

分层地基，各层岩土体波速存在差异，故桩身段初至波拟合直线呈现为多段线形态，并非理想完整桩的单根拟合直线。

图 3.4-10 为竖向测试间距加密至 0.1m 时的单孔地震波法时间-深度关系剖面。埋深 2m～11m、17m～19.5m 初至波振幅相对较强，频率和波速较低，11m～17m、19.5～26m 初至波振幅相对较弱，频率和波速相对较高，并且 11m～12m 与 17m～19.5m 附近可见明显的界面反射波组。测孔 1 揭露微风化岩埋深约 11m，18.5m～20m 为较破碎花岗岩，地震剖面成果与钻孔揭露地层信息基本吻合。加密测试点距降低了地层分层评价的难度，不同性质地层界面反射波组更加明显。然而，测试剖面由于受到接收探头提升误差

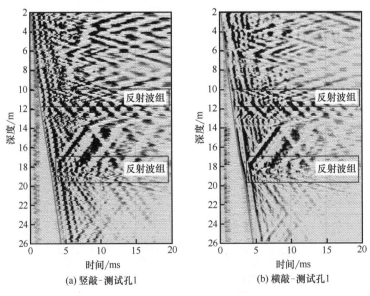

(a) 竖敲-测试孔1　　　　　　　　(b) 横敲-测试孔1

图 3.4-10　P1 桩测试时深剖面（测点间隔 0.1m）

和锤击能量差异的影响，初至波组呈现出较明显的"锯齿状"特征，初至波到达时间判别难度增大。因此，对于桩顶自由的桩基，单孔地震波测试需注意选用合适的探头测试间距。当该方法主要用于判别桩长时，可选用相对较大的探头测试间距；当需进一步用于分析地层影响和判别桩身完整性时，可选用较密的探头测试间距。

3.4.4.3 桩端嵌岩的影响

图3.4-11给出了对各测试剖面中初至波拟合后绘制的P1桩时间-深度曲线。可以看出，桩-孔间距越小，曲线整体越接近纵坐标轴，初至波到达探测孔时间越短。竖向与横向激振得到的曲线在1m测试间距时总体接近，测试间距增加后二者时间差增大，说明地震波在桩-土体系传递时纵敲直达波先于横敲纵波被水听器接收。根据曲线斜率推算桩身视波速大于4500m/s，并且设计桩长（22m）深度范围内未见明显时间异常特征。结合地震时间剖面图分析认为，桩身结构不存在明显缺陷。由于各探测剖面的地震波速均较高，桩底埋深附近未见明显波速拐点，具体桩长难以通过现有桩长计算方法确定。第3.2节中对带缺陷大尺寸模型灌注桩开展单孔地震波原位试验，发现灌注桩桩底沉渣对桩端-土界面透射地震波具有吸收作用，初至波组斜率突变可作为评判嵌岩桩桩底施工质量的依据。因此，结合场地地质情况与桩基施工工艺，单孔地震波法可用于判别嵌岩桩桩端入岩情况及桩底与岩层粘结质量。当岩面以上桩段初至波拟合直线未见斜率变化，初至波清晰且振幅无显著衰减时，可认为桩端已进入岩层；若岩面以下初至波波形规整且无斜率变缓或振幅下降时，可认为桩端与基岩结合紧密（桩底无沉渣），反之可根据初至波斜率变化位置推断嵌岩桩底埋深。

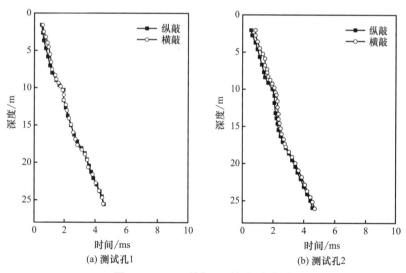

图3.4-11 P1桩初至时间拟合曲线

3.4.4.4 上部结构的影响

在桥梁桩基顶部墩柱等结构施工完成后，通过击振墩柱侧部进行单孔地震波法试验。图3.4-12为采用4种激振方式获得的地震波时间-深度关系剖面。

由图可知，靠近地表土体深度范围内初至波波形不清晰，其到达时间和振幅均比深部地震波降低明显，且波形主要以低频为主，推测是因为浅部土体为回填压实形成，土体密实度较深部天然土层偏低，从而导致地震波传播速率低和高频成分被土层吸收（即产生土体滤波效应)。对比图 3.4-12（a)~(d) 可知,采用斜向激振得到的初至纵波振幅最为明显,沿深度分布规律总体清晰,直达波和反射波组频率成分普遍以高频为主,与桩顶自由时的初至波拟合线形态总体接近;其他采用横敲方式获得的初至波振幅沿深度衰减快,无法对初至时间进行有效拟合,这是因为横敲时纵波能量相当微弱,横波到达时间虽晚于纵波但仍会受到初至纵波影响,采用桩身和桩底土拟合直线交点法难以确定桩底埋深,这与既有研究推荐的桩侧敲击方式比较类似。另外,水听器探头与土体之间采用水耦合,水对剪切波具有过滤作用,采用该设备接收的弯曲横波成分将更少。因此,采用辅助激振装置进行斜向激振既不会对上部结构造成损坏,同时又可增加地震波中的高频纵波成分,进而获得较理想的初至纵波信号,减少了拟合直线法确定桩底埋深的难度。需要指出的是,现场采用的水听传感器主要获取声压信号,测量声场中的标量参数,不能定向区分地震波信号,这与以往采用三分量速度传感器信号接收和分析方法应有所区别。

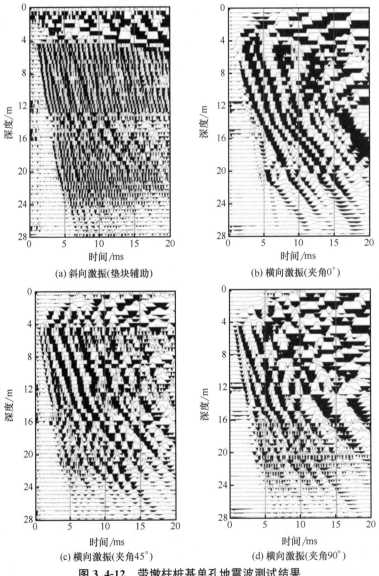

图 3.4-12　带墩柱桩基单孔地震波测试结果

3.4.5 试验小结

（1）当受测桩基顶部自由时，采用桩顶竖敲和横敲得到的地震波时间-深度曲线形态总体一致，但竖向激振引起的初至波波形比横向激振时相对更加清晰。当采用较小的桩-孔测试间距时，土体性质不均匀性对地震波波形的影响程度有所减小。采用较密的竖向测试间距有利于识别地层界面反射波特征，但初至波组易出现波形振荡，有可能增加桩长判别的难度。

（2）桩端嵌入完整基岩导致桩身段波速与桩端持力层波速相差不大，通过初至波拟合曲线难以推断桩长，但结合地质情况可判断桩底是否进入岩层。当岩面以上桩段初至波拟合直线未见斜率变化，初至波清晰且振幅无显著衰减时，可认为桩端已进入岩层；若岩面以下初至波波形规整且无斜率变缓或振幅下降时，可认为桩端与基岩结合紧密（桩底无沉渣），反之可根据初至波斜率变化位置推断嵌岩桩底埋深。

（3）对于上部结构已建成的桥梁桩基，采用不同角度横敲墩柱侧面，产生的初至横波传递能量弱且沿深度衰减快，采用本研究开发的辅助激振装置能够在桩-土体系中激发更多纵波成分，与水听传感器联合使用获取声压信号，可显著改善单孔地震波法的应用效果。

第 4 章
既有桩基跨孔弹性波测试方法研究

跨孔弹性波法（也称跨孔地震层析成像法、跨孔地震 CT 法）是通过激发弹性波并测量其波速以获取目标波速信息的方法，该方法具有检测覆盖范围广、分辨率高和结果可视化等优点，已在岩溶地质勘察等方面取得了较丰富的理论和实践成果。但是，受场地地质条件变异性大、桩基缺陷类型复杂等因素的影响，该方法在桩基完整性检测和评价方面鲜见报道。

本章提出基于跨孔弹性波测试的既有桩基完整性检测方法。首先，介绍该方法的测试原理和数据处理算法，对比三种射线模型（平直线模型、弯曲直线模型和胖射线模型）在桩身波速反演和完整性分析方面的处理效果和计算效率。然后，依托桩基持力层土体加固试验验证跨孔弹性波法用于桩-土波速分析和质量评估的可行性，为该方法的实际工程应用提供参考。

4.1 跨孔弹性波法测试原理

既有桩基跨孔弹性波检测是指在无法直接在桩顶实施激振的条件下，通过在既有桩基两侧土层钻孔内分别布置电火花震源与检波器排列，震源激发弹性波透射穿过桩身并被检波器排列接收，然后开展跨孔层析反演计算获取波速剖面特征，对既有桩基的长度和桩身缺陷进行检测和评价，如图 4.1-1 所示。该方法通过层析成像提取穿过地层-桩基-地层的透射波所携带地层与桩基波速信息，因此所得波速剖面受地层性质影响，反演波速剖面信息与真实波速相比尚存在一定偏差，需根据实际地层情况综合考虑后进行桩身长度与缺陷判别。

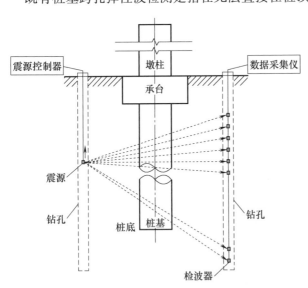

图 4.1-1 跨孔弹性波法工作原理示意图

走时层析成像主要用于确定被测介质物性的空间变化，通过识别地震初至波的到达时间推导桩身和岩土介质速度，通常采用最小化模型空间曲率的反演算法来实现既有桩基完整性评价。

地震波沿射线路径 S 穿过二维各向同性介质的旅行时间 t 表达式如式（4.1-1）所示：

$$t = \int_S u[r(x,z)]\mathrm{d}r \tag{4.1-1}$$

式中：$u(r)$ 是慢度（速度的倒数）场；$r(x,z)$ 是位置向量。慢度场 $u(r)$ 由 M 个单元表示，每个单元具有恒定的慢度 u_j（$j=1\cdots M$），第 i 个旅行时间可以写成式（4.1-2）：

$$t_i = \sum_{j=1}^{M} l_{ij} u_j = \boldsymbol{L}_i \boldsymbol{u} \tag{4.1-2}$$

式中：l_{ij} 表示第 i 条射线路径在第 j 单元中的部分。为了确定矩阵 $\boldsymbol{L}$，需要计算二维介质中的射线路径。在强非均质介质中，可以通过先使用程函方程的有限差分近似计算走时场，然后重建射线路径来实现。

式（4.1-2）描述了旅行时间与二维慢度场之间的线性关系。原则上，可以通过对式（4.1-2）求逆得到慢度向量 $\boldsymbol{u}$ [式（4.1-3）]：

$$\begin{bmatrix} t \\ 0 \\ \boldsymbol{u}_0 \end{bmatrix} = \begin{bmatrix} \boldsymbol{L} \\ \boldsymbol{A} \\ \boldsymbol{I} \end{bmatrix} \boldsymbol{u} \tag{4.1-3}$$

式中：$\boldsymbol{A}$ 是平滑矩阵；$\boldsymbol{u}_0$ 是阻尼约束向量；$\boldsymbol{I}$ 是单位矩阵。

式（4.1-3）可以进一步简化为式（4.1-4）：

$$\boldsymbol{d} = \boldsymbol{G}\boldsymbol{u} \tag{4.1-4}$$

平滑和阻尼约束导致式（4.1-4）的系统是过定的。因为 $\boldsymbol{L}$ 的值取决于未知的慢度场 $\boldsymbol{u}$，所以反演问题是非线性的，因此式（4.1-4）必须迭代求解。求解所得的慢度场取倒数即获得波速剖面。

根据获得的波速剖面图的速度分布特征及规律，结合地质条件、桩型、成桩工艺等资料，可按表 4.1-1 进行桩身完整性综合判定。最终检测成果包括受检桩桩底标高、桩身完整性评价、波速剖面影像图。

桩身完整性分类与判别依据 表 4.1-1

类别	判别依据
Ⅰ类	波速剖面速度分布总体规则，连续性好，桩身不存在明显低波速圈闭。嵌岩桩桩身入岩段波速随深度增加连续增大
Ⅱ类	波速剖面速度分布基本规则，桩身个别位置存在低波速圈闭。嵌岩桩桩身入岩段波速随深度增加而增大，但个别位置波速偏低或停滞中断
Ⅲ类	波速剖面有明显异常，其他特征介于Ⅱ类和Ⅳ类之间
Ⅳ类	波速剖面速度分布连续性差，畸变严重，桩身多处存在明显低波速圈闭。嵌岩桩桩身入岩段波速随深度增加而增大，但不连续，存在明显低波速圈闭中断

需要指出的是，桩身波速通常高于周边岩土体波速，在波速剖面图中的特征表现为高波速连续带区域。若桩身段速度剖面中存在明显低波速圈闭区域，排除地层变化影响后可判定为桩身混凝土缺陷。对于嵌岩良好的端承桩，在桩底深度位置附近波速剖面通常呈连续变化。

对于式（4.1-4）所使用的求解算法是 SIRT（同时迭代重建技术）算法。SIRT 算法基于 ART（代数重建技术）算法引入同时迭代多个观测点信息的策略，从而在复杂地下结构下能更加准确地重建速度分布。

ART 算法迭代公式如式（4.1-5）所示：

$$V^{(k+1)} = \begin{cases} V^{(k)} + \lambda \dfrac{d_{i_k} - W_{i_k} V^{(k)}}{\sum_{j=1}^{J} W_{i_k,j}} W_{i_k}^T, & \sum_{j=1}^{J} W_{i_k,j} \neq 0 \\ V^{(k)}, & \sum_{j=1}^{J} W_{i_k,j} = 0 \end{cases} \tag{4.1-5}$$

式中：$i = k (\bmod I + 1)$；k 表示第 k 次迭代；λ 为松弛因子；W_{i_k} 表示速度投影矩阵的第 i_k 行；d_{i_k} 为测量向量的第 i_k 个值。

在每一次更新迭代中，所求取的迭代值即式（4.1-6）：

$$\Delta V^{(k)} = \lambda \dfrac{d_{i_k} - W_{i_k} V^{(k)}}{\sum_{j=1}^{J} W_{i_k,j}} W_{i_k}^T \tag{4.1-6}$$

式中：$\Delta V^{(k)}$ 为迭代次数，其计算仅参考第 i_k 号的射线，而没有充分利用全局信息，对单条射线经过的每个像元进行独立的更新，因此容易受到噪声的影响，可能导致在复杂结构下出现伪影或模糊的情况。

SIRT 算法在 ART 算法的基础上修改约束条件获得式（4.1-7）：

$$W^T P = W^T W V \tag{4.1-7}$$

式中：W 为投影矩阵；P 为投影向量；V 为速度剖面。

式（4.1-7）的迭代求解如式（4.1-8）所示：

$$V^{(0)} = W^T P$$
$$V^{(k+1)} = V^{(0)} + \lambda (W^T P - W^T W V^{(k)}) = V^{(0)} + \lambda W^T (P - W V^{(k)}) \tag{4.1-8}$$

式中：λ 为松弛因子。

式（4.1-8）的意义在于，通过将测量向量的反投影作为初始模型，在计算第 $(k+1)$ 次估计 $V^{(k+1)}$ 时，利用第 k 次估计 $V^{(k)}$ 加上一个校正速度来完成。校正图像与第 k 次估计误差矢量的反投影关联，用 $W^T W V^{(k)}$ 表示。因此，每个像素的校正值实际上是通过该像素所在的所有射线上的误差值之和，而不仅仅与单条射线有关，这也是 SIRT 能够有效抑制测量数据中噪声的根本原因。由于每个像素的校正值是所有穿过该像素的射线共同贡献的结果，因此一些随机误差被平均化，这使得 SIRT 的校正过程被称为逐点校正。

使用 BPT 反投影算法得到式（4.1-8）中所使用的投影矩阵，包括初始模型。BPT 反投影方法核心思想是通过反投影的方式将合成数据逆向传播回速度模型空间，以获得地下介质的速度分布，如式（4.1-9）所示：

$$V(x,z) = \sum_r \sum_t D_{\mathrm{obs}}(x_r,t) \cdot \omega(x_r,z,t) \tag{4.1-9}$$

式中：$V(x,z)$ 是在位置 (x,z) 处的速度分布；(x_r,t) 是在接收点 x_r 处的观测数据；在时间步长 t 处，$\omega(x_r,z,t)$ 是权重函数，表示观测数据的反投影权重。

这个公式表示，在每个时间步长和每个接收点位置，将观测数据通过权重函数反向传播回速度模型空间，并在对应的位置进行累积，得到重建的速度分布。权重函数 $\omega(x_r,z,t)$ 可以根据具体的算法和问题进行定义。它通常考虑了地震波的传播路径、几何关系以及时间延迟等因素，以确保反投影的合理性和准确性。

4.2 射线追踪成像算法分析

4.2.1 射线追踪算法概述

层析成像反演采用的射线追踪算法主要包括直射线、弯曲射线和胖射线模型三种类型。直射线是从发射源直接射向探测器的射线，射线路径应为激发点与接收点之间的直线段，此时系数子矩阵的求取关键在于判断此条射线与两相邻纵向线的交点的位置关系，并以此来判定网格内是否有射线经过以及射线经过网格时网格中线段元的长度，这一判断过程对于系数子矩阵的求取至关重要。其优点在于计算相对简单，而且不需要过多的计算资源。此外，直射线对硬件系统的要求较低，因为它们不需要弯曲或散射，可以直接穿过物体。然而，直射线在数据采集方面存在一些限制。由于直射线没有经过物体内部的各种组织，它们可能无法提供足够的信息来获得准确的内部结构。这可能导致图像质量不高，影响诊断的准确性。因此，直射线通常需要与其他类型的射线组合使用，以获得更完整的信息。

当地下介质的速度变化较大时，实际的传播路径与直线发生较大偏差，需要采用弯曲射线的层析成像方法，进行弯曲射线的射线追踪。目前，对于弯曲射线的射线追踪问题，主要采用两种方法实现。第一种方法是将复杂的介质分割成离散三角形单元，每个单元内的速度被视为常数，将射线追踪问题转化为对离散单元的路径追踪，以此模拟介质的变化，从而降低了计算复杂度。第二种方法是通过在矩形网格上划分复杂介质，为网格节点指定速度（或慢度），然后通过线性插值来表示其他地方的速度。这种类型的射线能够更好地模拟真实的成像情况，因为它们可以通过物体的各种组织和结构，提供更丰富的信息。弯曲射线能够捕捉到不同密度和组织的界面，从而提供更准确的内部结构信息，其缺点在于计算复杂度较高。由于射线路径的变化，需要更复杂的数值模拟和数据处理算法，此外，硬件系统可能需要更高的精度和灵活性，以便有效地获取弯曲射线的投影数据。

胖射线是一种相对宽范围的射线，可以覆盖多个角度。这种射线类型在数据采集方面具有一定的优势，因为可以提供多个方向上的投影数据，从而增加了内部结构的信息量。胖射线能够捕捉到物体不同方向上的细微变化，有助于提高图像的空间分辨率和准确性。然而胖射线也需要更复杂的数据处理和重建算法。由于胖射线涵盖了多个角度，需要更复杂的数学模型来从投影数据中还原出内部结构。但是相比直射线、弯曲射线模型，胖射线需要更大的计算资源和时间。

地震波的传播并不严格限于几何射线路径。因此，传统的基于射线的层析成像方法在反演问题中经常遇到严重的不适定性。这个问题影响了层析结果的分辨率和可靠性。射线层析技术固有的假设限制了其适用性。射线层析假设在传播过程中仅覆盖有限区域，从而导致高度稀疏的层析矩阵和显著的零空间。此外，传统射线层析对角度范围的扩展非常敏感。通常情况下，它需要特定的先决条件，比如异质结构的尺度明显大于地震波长，并且速度变化在相对较小的波长范围内发生。此外，速度场内的平滑性假设也是必要的。射线在模型空间的分布远非均匀，常常导致假异常现象，如在低速区内部发生聚焦，在高速区内部发生散焦。这些与理想几何射线路径的偏离未能准确捕捉地震波的实际传播行为有关。这些先决条件共同阻碍了传统射线层析的广泛发展和应用。

实际上，地震波是受频率限制的，其传播并不仅限于数学射线路径。周围介质点对于地震能量在传播至接收点时产生多少影响也因点而异。仪器记录的地震信号实际上是第一菲涅尔区域内异常介质的综合响应。在这个区域内的扰动会对接收点的能量产生贡献，因此接收点的传播时间反映了波在第一菲涅尔区域内的传播时间。将胖射线的范围定义为第一菲涅尔区域，相对于几何射线，能更准确地描述地震波在介质中的传播路径，考虑地震波的主导频率因素以及附近介质点对传播时间的影响。

4.2.2 算法反演效果对比

本节通过实际工程算例对三类射线的反演效果进行对比分析。试验桩选取自某桥梁加固工程中的典型端承桩 6-1 号桩（桩长 17.7m，桩径 1.2m）和摩擦桩 16-1 号桩（桩长 31.0m，桩径 1.2m）。两根桩的桩身完整性情况首先通过单孔地震波法进行初步检测，具体情况参见表 4.2-1 和表 4.2-2。

6-1 号桩身完整性检测情况 表 4.2-1

桩基编号	测孔编号	桩身完整性（基于单孔地震波法判定）
6-1	JZK13（左）	深度 5.6m 处存在疑似轻微缺陷；深度 13.0m 处存在疑似轻微缺陷；深度 17.0m 处存在疑似轻微缺陷；桩端嵌入基岩
6-1	JZK14（右）	深度 6.0m 处存在疑似轻微缺陷；深度 12.6m 处存在疑似轻微缺陷；深度 17.4m 处存在疑似轻微缺陷；桩端嵌入基岩

16-1 号桩身完整性检测情况 表 4.2-2

桩基编号	测孔编号	桩身完整性（基于单孔地震波法判定）
16-1	JZK33（左）	深度 4.0m～6.6m 范围存在疑似缺陷；深度 11.8m～12.6m 范围存在疑似缺陷；深度 18.8m～19.2m 范围存在疑似缺陷；深度 22.6m～24.0m 范围存在疑似缺陷
16-1	JZK33（右）	深度 4.0m～7.2m 范围存在疑似缺陷；深度 20.8m～23.8m 范围存在疑似缺陷；深度 27.4m～29.0m 范围存在疑似缺陷

对上述两根桩跨孔弹性波 CT 数据进行基于不同射线追踪模型的层析成像处理。如图 4.2-1 和图 4.2-2 所示，桩基的跨孔 CT 数据经过滤波处理、初至波拾取，通过 BPT 反投影建立初始模型，采用三种不同的射线模型进行射线追踪和 SIRT 迭代反演，最终速度模型残差均达到收敛。其中基于平直射线和弯曲射线模型的迭代反演计算效率最高，两者的耗时分别为 5s 和 60s，胖射线的计算耗时则为 10min 到 40min，并且随数据量增大而增加。

由图 4.2-3 可见，基于三种射线模型的跨孔弹性波 CT 反演成像结果都能够较好地反映桩基入岩位置和地层随深度的岩性变化。相比平直射线模型反演结果，基于弯曲射线和胖射线模型的反演结果对于深度 17.0m 桩身右侧存在疑似轻微缺陷的辨识度更高，具有更好的成像效果。基于胖射线模型的反演结果能够识别深度 6.0m 剖面中心存在波速偏低区域，对深度 13.0m 缺陷的识别表现为右侧的偏低波速以及左侧波速偏低圈闭，相比平直射线和弯曲射线模型反演结果具有更高分辨率，与该桩采用单孔地震波法的评判结果具有较好的一致性。

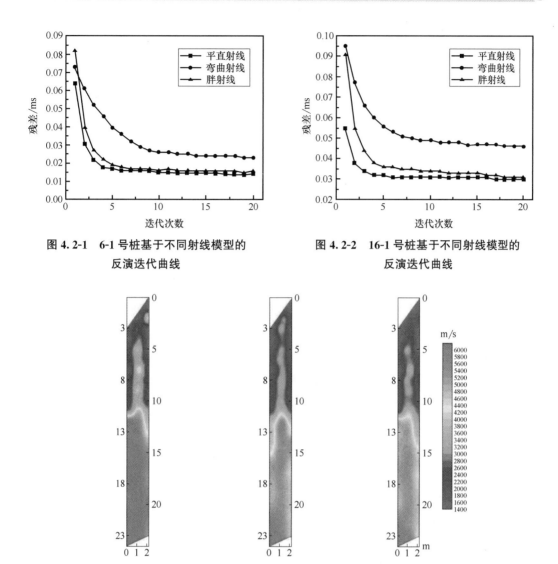

图 4.2-1 6-1 号桩基于不同射线模型的反演迭代曲线

图 4.2-2 16-1 号桩基于不同射线模型的反演迭代曲线

(a) 平直射线模型　　(b) 弯曲射线模型　　(c) 胖射线模型

图 4.2-3 6-1 号桩跨孔弹性波速度层析图像

由图 4.2-4 可见，基于三种射线模型的跨孔弹性波 CT 反演成像结果均能较好地反映桩端位置和地层随深度的岩性变化。对比三种模型反演结果可见，基于弯曲射线、胖射线模型的反演图像对深度 22.6m～24.0m 处桩身左侧疑似轻微缺陷的辨识度更高，对深度 20.8m～23.8m 处桩身右侧疑似缺陷的低波速成像深度位置较为准确，具有更好的成像效果。相比平直射线和弯曲射线模型的反演结果，基于胖射线模型的反演结果能够识别出桩身 18.8m～19.2m 位置的疑似缺陷，表现为在该位置左侧的低波速圈闭，并对桩端与土体边缘成像清晰，与单孔地震波法结果具有更好的一致性。

由上述分析可知，跨孔弹性波法对桩基缺陷的检测结果与单孔地震波法结果有着较好的一致性。处理跨孔弹性波法数据资料时，采用弯曲射线、胖射线模型进行射线追踪迭代反演能够提供较准确的推断结果，通过层析成像得到的速度剖面能大致反映桩基完整性信息。胖射线模型能够在速度变化更大的区域（如桩端、桩身入岩等位置）提供更高的分辨

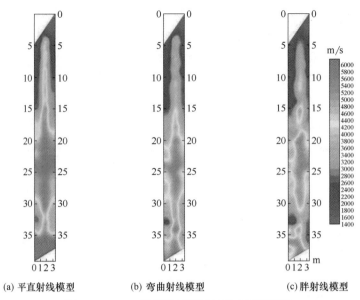

(a) 平直射线模型　　(b) 弯曲射线模型　　(c) 胖射线模型

图 4.2-4　16-1 号桩跨孔弹性波速度层析图像

率和更详细的信息，但也需消耗更多计算资源。建议将跨孔弹性波成像方法用于桩基完整性检测时，可在现场使用平直线模型或弯曲直线模型进行迭代反演来获取地层与桩身大致波速分布情况，在后续资料处理中使用胖射线模型进行高分辨率和精细成像分析。

4.3　现场测试试验

4.3.1　试验方案

某拟建厂房采用预应力混凝土管桩作为机器设备基础，试验桩布置图如图 4.3-1 所示，管桩布置为中间一排为直径 500mm 管桩，两侧为直径 400mm 管桩，设计桩长均为 12m，桩间距 L_1、L_2 均为 2m。选择直径 400mm 的管桩作为试验桩。试验场地地层分布情况如图 4.3-2 所示，试验桩桩端持力层为粉质黏土。为提高单桩竖向承载力，现场采用孔内夯击填料方式对桩端黏土持力层进行加固处理。

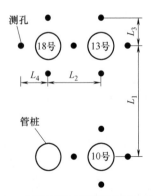

图 4.3-1　试验桩及检测钻孔平面位置图

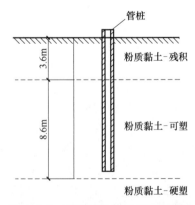

图 4.3-2　试验桩及地层分布剖面图

为检验管桩孔底加固效果，现场采用跨孔弹性波法对桩身下部与桩底加固体进行速度层析成像，并与钻芯检测法结果进行对比分析。跨孔弹性波观测系统设置的炮点移动间距和检波器间距为 0.5m，每根桩设置一对正交的观测剖面，两剖面相互垂直，探测孔与试验桩中心距离 L_3、L_4 均为 1m，即两探测孔间距为 2m。

4.3.2 试验结果分析

图 4.3-3 为加固后 10 号桩、13 号桩、18 号桩的跨孔弹性波 CT 测试图。

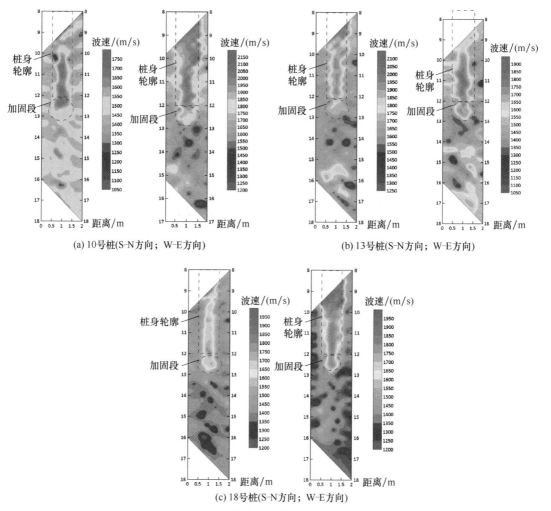

图 4.3-3 管桩跨孔弹性波 CT 测试图

三根桩的检测结果具有类似的特征。从图中可以看出，桩基的轮廓以较高波速大致体现在测试图中，四周的粉质黏土层以低波速体现，其波速范围约 1400m/s～1600m/s，经过加固在桩基设计长度 12m 后往下仍可见有约 1m 深度的高波速段，该区域波速普遍高于周围天然土体，最高可达 2000m/s 以上，可以认为该区域土体性质相比加固前有显著改善。

为检验跨孔弹性波方法检测结果的准确性，从试验管桩中心往下进行持力层钻芯检测。图 4.3-4 (a)~(c) 分别为 10 号桩、13 号桩、18 号桩的芯样照片。可以看出，夯击填料加固后桩端以下约 1m 长度均为较完整的水泥加固体。表 4.3-1 为加固体芯样的抗压强度试验结果，桩端下方形成的加固体强度为 6.0MPa～17.2MPa，高于天然土体的强度，该区域钻芯检测情况与跨孔弹性波 CT 检测结果具有较好的一致性，说明跨孔弹性波方法适用于对预制管桩桩端土体加固效果进行检测验证。

(a) 10号桩

(b) 13号桩

(c) 18号桩

图 4.3-4　管桩桩底加固体钻芯检测结果

钻芯检测结果　　　　　　　　　　　　　　　　表 4.3-1

试样编号	取样深度(m)	试验状态	抗压强度(MPa)
10-1	12.50～12.70	天然	11.0
10-2	12.70～12.90	天然	17.2
13-1	12.09～12.29	天然	10.7
13-2	12.79～12.99	天然	8.8
18-1	12.50～12.70	天然	6.0
18-2	12.70～12.90	天然	7.9

第 5 章
既有桩基磁感应测试方法研究

桩基钢筋笼对于桩基抗拔、抗弯和桩身裂缝控制起到关键作用。钢筋笼长度通常依据桩基受荷特征、桩端和桩周岩土体力学性能等因素进行设计。若钢筋笼长度不满足桩基设计要求，将影响桩基础的承载力和耐久性，进而对结构长期使用造成安全隐患。近年来，工程界将磁感应法（磁测井法）用于新建桩基的钢筋笼长度检测，为保证桩基础施工质量提供了有效的监控措施。但是，对于顶部与承台和墩柱等钢筋混凝土结构连接的既有桩基，受到现场地质条件、测试空间等多种因素的限制，磁感应法用于桩基钢筋笼长度检测的准确性尚需研究。

本章首先采用数值方法建立桩基-土体-承台多场耦合模型，分析桩身钢筋布置、测试间距、桩长和上部结构等因素对磁感应法测试结果的影响，明确磁感应法检测既有桩基钢筋笼长度（桩长）的工作原理和适用范围，并通过现场测试试验和工程应用案例进行验证，最后给出磁感应法检测既有桩基的工程应用建议。

5.1 磁感应法测试原理

桩基钢筋笼属铁磁性物质，在地球的磁场中由于磁化作用产生磁感应强度，使它附近的磁场强度发生变化，这个磁场强度在一定的时间和空间内是固定不变的，桩基施工后其桩身附近磁场强度变化是固定的。桩基钢筋笼磁化率很大且磁性很强，而桩基桩身混凝土和桩周岩土体一般属于无磁性物质，磁化率较低、磁性较弱，它们之间存在明显的磁性差异分界面，在桩基钢筋笼被磁化后，在分界界面上会形成强烈的磁异常，导致桩基磁场垂直分量不连续且产生突变。因此，可根据实测桩基附近磁场垂直分量突变点位置来判别磁性介质的分界面，进而对桩基钢筋笼长度进行识别。

从建立数学模型角度来看，可假设桩基为无限长线状体，在与其平行方向上可推导出这个无限长线状体的磁感应强度公式如式（5.1-1）所示：

$$Z = \frac{\boldsymbol{B}_\perp \cdot \boldsymbol{k} \cdot \boldsymbol{S}}{2\pi \cdot \boldsymbol{L}^2} \tag{5.1-1}$$

式中：$\boldsymbol{B}_\perp$ 为垂直方向的磁场强度（A/m）；k 为桩基钢筋笼的磁化率（%）；S 为桩基钢筋笼的有效横截面积（m^2）；L 为测点与预制桩钢筋笼的垂直距离（m）。

假设有效磁化倾角为 $90°$，磁感应强度在沿桩基长度方向为定值，故磁梯度值为 0。在桩基钢筋笼端头处，磁感应强度存在较大的变化，具体表现为当垂直磁场分量曲线出现拐点时，磁梯度曲线会出现极值点，磁场分量曲线一般呈宽缓的马鞍形状。当超过界面再往下时会逐渐变成背景磁场值，图 5.1-1 为桩基长度检测理论曲线示意图。因此，当既有桩基周围无其他铁磁性体干扰时,在桩基侧面一定距离内,通过测量磁梯度值随桩长方向变化的曲线,能够较准确地识别钢筋笼长度。

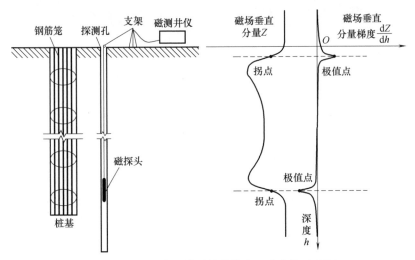

图 5.1-1　磁感应法检测桩基长度理论曲线示意图

现场检测前将钻孔设置在距桩边 0.5m（测距）范围内的桩侧部位,钻取平行于桩的测试孔,测试孔内径宜为 60mm～90mm,测试孔深度宜比预计钢筋笼底端深 5m。测试孔开孔位置要尽量接近于桩侧,尽可能将桩-孔距控制在 0.5m 以内,并保证其垂直度,为防止塌孔,可采用 PVC 塑料管护孔。检测时,要求周围无强磁性物质的干扰。把磁探头放在测试孔中从上到下（或从下到上）按一定的测点间距逐点采样,测量并实时记录沿钻孔方向不同深度的磁场参数值,计算并绘制垂直磁场分量-深度及磁梯度-深度曲线。根据实测曲线分布特征,可判定既有桩基钢筋笼的实际长度。

5.2　数值模型分析

5.2.1　数值模型建立

基于磁感应法检测桩长的数值仿真模拟,是在桩基（由钢筋笼和混凝土构成）、桩周岩土体和近场空气层组成的区域内求解桩基在地磁场作用下的磁场分布。该问题求解可通过有限元法对麦克斯韦微分方程组进行数学离散实现,描述宏观电磁现象的麦克斯韦微分方程如式（5.2-1）所示:

$$\begin{cases} \nabla \times \vec{H} = \vec{J} + \dfrac{\partial \vec{D}}{\partial t} \\ \nabla \times \vec{E} = -\dfrac{\partial \vec{B}}{\partial t} \\ \nabla \cdot \vec{B} = 0 \\ \nabla \cdot \vec{D} = \rho \end{cases} \quad (5.2\text{-}1)$$

式中：$\vec{H}$ 为磁场强度矢量，场量（A/m）；$\vec{B}$ 为磁感应强度矢量，场量（T）；$\vec{E}$ 为电场强度矢量，场量（V/m）；$\vec{D}$ 为电位移矢量，场量（C/m^2）；ρ 为电荷密度，场源（C/m^3）；$\vec{J}$ 为电流密度，场源（A/m^2）。

除式（5.2-1）外，电磁介质的本构关系如式（5.2-2）所示：

$$\vec{D}=\varepsilon\vec{E},\ \vec{B}=\mu\vec{H},\ \vec{J}=\gamma\vec{E} \tag{5.2-2}$$

式中：ε 为介电常数（F/m）；μ 为磁导率（H/m）；γ 为电导率（S/m）。

激励源为地磁场，虽然空间环境磁场有一定的干扰，但可近似看作静态磁场，考虑到地磁场环境中钢筋处于无电流区域，磁场计算的整体控制方程如式（5.2-3）所示：

$$\begin{cases} \vec{H}=-\nabla V_m \\ \nabla\cdot\vec{B}=0 \end{cases} \tag{5.2-3}$$

式中：V_m 为磁势（A）。

上式分别描述了磁场强度与磁势的关系和磁场的高斯定理，说明磁场为无源场，磁感线为闭合曲线。空气为各向同性磁介质，其本构关系如式（5.2-4）所示：

$$\vec{B}=\mu_0\mu_r\vec{H} \tag{5.2-4}$$

式中：μ_0 为真空中磁导率（H/m）；μ_r 为空气相对磁导率。

钢筋在地磁场激励下发生磁化，钢筋本构关系如式（5.2-5）所示：

$$\vec{B}=\mu_0(\vec{H}+\vec{M}) \tag{5.2-5}$$

式中：$\vec{M}$ 为磁化强度（A/m）。

再给定所求解空间区域外边界上待求函数的边界条件，以及不同介质分界面处的协调条件，可对上述麦克斯韦方程组进行求解。

采用有限元软件 COMSOL Multiphysics 中的电磁场 AC/DC 模块对上述数学问题进行数值求解。结合电磁学理论，探讨钢筋笼引起的磁异常场强度与测距（测试点到钢筋笼的距离）、桩基内钢筋数量、桩基内钢筋直径、桩基长度等因素的关系，并对磁感应法探测桩长的适用性进行评价。主要包括如下几个步骤：

（1）定义物理场

根据桩身混凝土-钢筋-岩土体耦合作用问题设定物理场，给定边界条件。磁感应法桩基检测问题的数值仿真中选择磁场，但无电流。

（2）设定计算空间维度

根据材料与几何对称性，磁感应法检测桩基可采用轴对称模型或三维模型。二维模型虽然能够减小计算工作量，但为了保证模型的计算精度，建立桩-土-空气三种介质耦合的三维立体模型进行分析。

（3）建立几何模型

基桩混凝土和桩侧岩土体属于无磁性物质，磁化率和磁性很弱，可认为混凝土、桩侧岩土体模型的磁导率与空气基本一致。该几何模型由空气、桩周岩土和钢筋组件构成。空气采用球体模拟；桩侧岩土体、桩身混凝土和桩基内钢筋均采用圆柱体模拟。图 5.2-1 为仿真模型几何构造示意图。

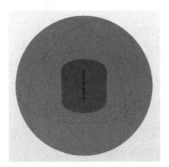 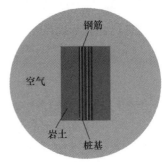

(a) 模型试件构造　　　　　　(b) 模型试件构造剖面

图 5.2-1　仿真模型几何构造示意图

（4）设定材料属性

桩基内钢筋在地磁场作用下会发生磁化，通过剩磁理论可对钢筋自身的剩磁场进行模拟。模型钢筋磁化强度选为 750A/m，相对磁导率为 500；空气、桩身混凝土和桩侧岩土体相对磁导率为 1。由于地磁场可看作一个稳恒场，对桩基内钢筋的影响只是体现在数值

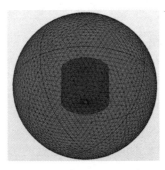

图 5.2-2　仿真模型网格划分结果示意图

上的叠加，不会影响磁感应法桩基检测磁场信号的分析，因此在仿真时不考虑地磁场的影响。

（5）网络划分

有限元计算前对材料进行尺寸划分，网格精细化程度可根据问题需要进行差异化设置。本模型在桩身位置采用较细的网格划分，岩土体边界和空气介质采用较粗的网格。各材料均采用自由四面体单元，图 5.2-2 为仿真模型网格划分示意图。

（6）求解

针对所定义的不同物理场及实际模型，以及给定的本构模型参数，可采用稳态解进行线弹性仿真计算。

5.2.2　数值计算工况

数值模型中空气采用直径 60m 的球体模拟，桩侧岩土体、桩身混凝土和桩基内钢筋位于球体中部，并按表 5.2-1 中的参数工况进行设置。图 5.2-3 给出了其中三种典型工况的计算模型示意图。

模型计算工况参数设置汇总　　　　表 5.2-1

工况类型	参数设置
工况 1：检测方位的影响	桩侧岩土：采用直径 20m，高度 15m 圆柱体模拟； 桩基：采用直径 1.20m，高度 15m 圆柱体模拟； 桩基钢筋：采用 2 根、4 根、6 根、8 根直径 25mm、高度 15m 圆柱体模拟，钢筋等距分布，且钢筋距桩基中心 1.00m； 测距范围：0.1m； 检测方位：环向

续表

工况类型	参数设置
工况2：测试间距的影响	桩侧岩土：采用直径20m，高度15m圆柱体模拟； 桩基：采用直径1.20m，高度15m圆柱体模拟； 桩基钢筋：采用直径25mm，高度15m圆柱体模拟，8根钢筋等距分布，且钢筋距桩基中心1.00m； 测距范围：0.1m～3.0m； 检测方位：环向钢筋正上方（径向）
工况3：钢筋直径的影响	桩侧岩土：采用直径20m，高度15m圆柱体模拟； 桩基：采用直径1.20m，高度15m圆柱体模拟； 桩基钢筋：采用直径12mm、14mm、16mm、18mm、20mm、22mm、25mm、28mm、32mm，高度15m圆柱体模拟，8根钢筋等距分布，且钢筋距桩基中心1.00m； 测距范围：0.1m； 检测方位：环向钢筋正上方（径向）
工况4：钢筋数量的影响	桩侧岩土：采用直径20m，高度15m圆柱体模拟； 桩基：采用直径1.20m，高度15m圆柱体模拟； 桩基钢筋：采用直径25mm，高度15m圆柱体模拟，钢筋数量有2根、4根、6根、8根、10根、12根、14根、16根、18根，等距分布，且钢筋距桩基中心1.00m； 测距范围：0.1m； 检测方位：环向钢筋正上方（径向）
工况5：基桩长度的影响	桩侧岩土：采用直径20m，高度分别为5m、10m、15m、25m、35m、40m圆柱体模拟； 桩基：采用直径1.20m，高度分别为5m、10m、15m、25m、35m、40m圆柱体模拟； 桩基钢筋：采用8根直径25mm，高度分别为5m、10m、15m、25m、35m、40m圆柱体模拟，钢筋等距分布，且钢筋距桩基中心1.00m； 测距范围：0.1m～3.0m； 检测方位：环向钢筋正上方（径向）
工况6：上部结构的影响	上部钢筋混凝土结构：采用长度2m，宽度2m，高度1m的长方体结构模拟，且底端与桩基顶部连接；内部钢筋直径25mm，结构上（下）端面水平钢筋沿长度和宽度方向等间距各布置4根，长度均为2m，距上（下）端面0.05m；结构四周竖向钢筋每侧面等间距布置9根，长度均为1m； 桩侧岩土：采用直径20m，高度15m圆柱体模拟； 桩基：采用直径1.20m，高度15m圆柱体模拟； 桩基钢筋：采用8根直径25mm，高度15m圆柱体模拟，钢筋等距分布，且钢筋距桩基中心1.00m； 测距范围：0.1m； 检测方位：环向钢筋正上方（径向）

5.2.3 结果分析与讨论

（1）检测方位的影响

为研究不同检测方位下桩基磁感应法检测磁场信号的变化及其规律，对工况1的磁场信号数据进行计算分析，获得桩底位置处不同检测方位下桩基模型磁场强度Z仿真曲线，如图5.2-4～图5.2-7所示。分析可知，在位于桩底位置处钢筋正上方时，桩基模型磁场强度Z达到最大，检测效果最佳；当位于桩基钢筋之间正上方时，磁场强度较小，具体数值如表5.2-2所示。进一步分析可知，在桩基进行磁感应法检测时，需选择合适的环向检测方位，以确保检测到桩基有效的测试数据信号。

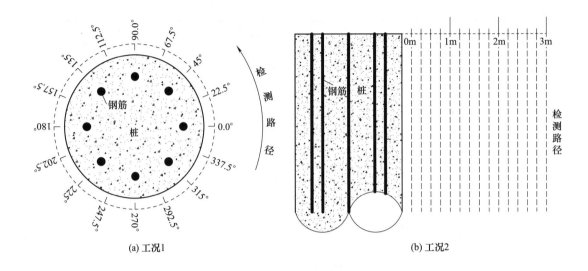

(a) 工况1

(b) 工况2

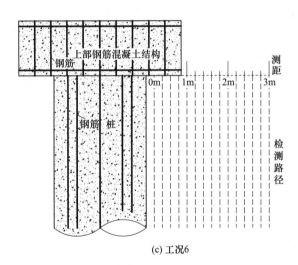

(c) 工况6

图 5.2-3 典型计算工况示意图

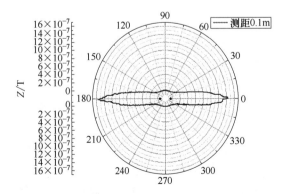

图 5.2-4 桩底位置处不同检测方位下桩基模型磁场强度 Z 仿真曲线（2 根钢筋）

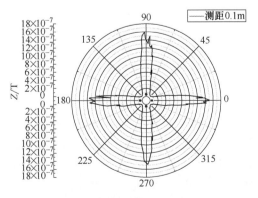

图 5.2-5 桩底位置处不同检测方位下桩基模型磁场强度 Z 仿真曲线（4 根钢筋）

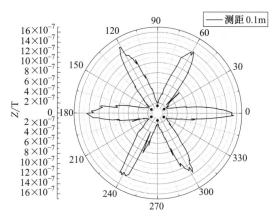

图 5.2-6 桩底位置处不同检测方位下桩基模型磁场强度 Z 仿真曲线（6 根钢筋）

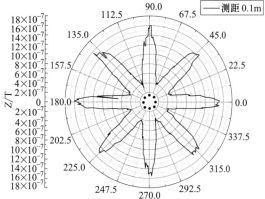

图 5.2-7 桩底位置处不同检测方位下桩基模型磁场强度 Z 仿真曲线（8 根钢筋）

桩底位置处不同检测方位下桩基模型磁场强度 Z 仿真数值对比（单位：$\times 10^{-6}$ T）

表 5.2-2

检测方位（环向） 钢筋数量	0°~90°				90°~180°			
2 根	0°		90°				180°	
	1.43		1.14×10^{-2}				1.54	
4 根	0°		45°	90°	135°		180°	
	1.49		5.31×10^{-2}	1.58	5.37×10^{-2}		1.35	
6 根	0°	30°	60°	90°	120°	150°	180°	
	1.50	2.13×10^{-1}	1.42	2.05×10^{-1}	1.51	2.09×10^{-1}	1.44	
8 根	0°	22.5°	45.0°	67.5°	90°	112.5°	135°	157.5°	180.0°
	1.51	4.42×10^{-1}	1.44	3.96×10^{-1}	1.60	3.73×10^{-1}	1.57	4.24×10^{-1}	1.60

检测方位（环向） 钢筋数量	180°~270°				270°~360°			
2 根			270°				360°	
			1.12×10^{-2}				1.43	
4 根	225°		270°		315°		360°	
	5.03×10^{-2}		1.48		5.69×10^{-2}		1.49	
6 根	210°	240°	270°		300°	330°	360°	
	2.25×10^{-1}	1.42	2.25×10^{-1}		1.37	2.10×10^{-1}	1.50	
8 根	202.5°	225.0°	247.5°	270.0°	292.5°	315.0°	337.5°	360°
	4.19×10^{-1}	1.51	4.15×10^{-1}	1.51	3.64×10^{-1}	1.45	4.31×10^{-1}	1.51

注：表中环向检测方位角度代表桩基钢筋或钢筋之间正上方位置。桩基内存在两根钢筋时，检测方位角为 0°时，对应的是钢筋正上方；检测方位角为 90°时，对应的是钢筋之间正上方。

(2) 测试间距的影响

为研究不同测距下桩基磁感应法检测磁场信号的变化特征，对工况 2 的磁场信号数据进行分析。图 5.2-8 为不同测试距离下桩基模型磁场强度 Z 变化曲线。分析可知，桩基模型磁场强度 Z 变化曲线在桩基两端发生明显突变，出现两个反向峰值，且不同测试距离下各曲线在桩顶和桩底均交于同一点，桩身磁感强度相对端部来说较为平缓，变化幅度较小。因此，可通过分析测得的磁场强度 Z 分布曲线判断钢筋笼底端，进而判断桩基的长度。进一步分析可知，随着桩-孔测试距离的增加，磁场强度曲线逐渐趋于平缓，磁感应强度也逐渐降低，由此可知磁感应法检测时需选择合理的测试间距，以确保测试数据特征变化明显。

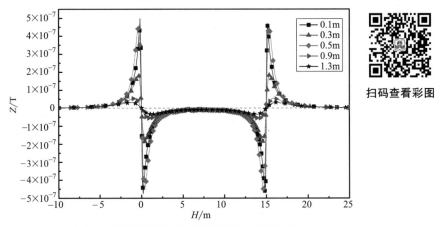

图 5.2-8　不同测试距离下磁场强度 Z 分布曲线

为便于分析测距对磁感应法桩基检测的影响程度，对桩底磁场强度 Z 极大值分布曲线进行归一化处理（曲线最大值作为相对值）和梯度化处理（对曲线求一阶导数），同时将图表横坐标所表示的测距转化为实际测距，结果如图 5.2-9 所示。

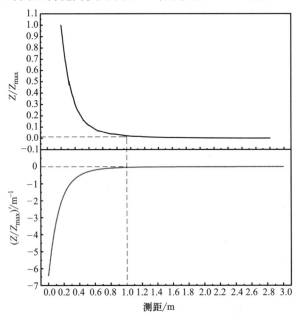

图 5.2-9　不同测试距离下磁场强度归一化曲线与梯度曲线

由图 5.2-8 和图 5.2-9 分析可知，随着测距的增加，桩基模型磁场强度 Z 极大值变化归一化曲线数值急剧减小，当间距为 0.1m 时，$Z/Z_{max}=0.504$；间距为 0.2m 时，$Z/Z_{max}=0.252$；间距为 0.5m 时，$Z/Z_{max}=0.078$；间距为 1.0m 时，$Z/Z_{max}=0.018$；间距为 1.5m 时，$Z/Z_{max}=0.006$。进一步分析可知，当测试距离在 1.0m 以内时，计算的磁场强度 Z 极大值归一化曲线梯度数值下降十分明显，说明磁感强度 Z 对测试间距变化最为敏感；当测试距离大于 1.0m 时，磁场强度 Z 极大值归一化曲线梯度数值基本趋于平稳，且数值较小，不利于寻找突变特征点。因此，建议桩基检测时测距间距控制在 1m 以内，避免测试过程因磁测数据曲线变化特征不明显影响桩长判别。

（3）钢筋直径的影响

对工况 3 磁场信号数据进行分析，得到不同直径下的磁感应法桩基检测磁场信号分布规律，如图 5.2-10 和图 5.2-11 所示。

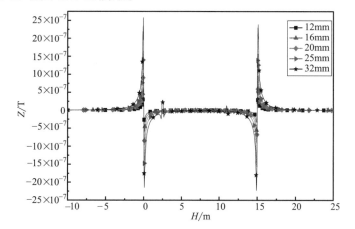

图 5.2-10 不同钢筋直径下磁场强度 Z 仿真曲线（测距：0.1m）

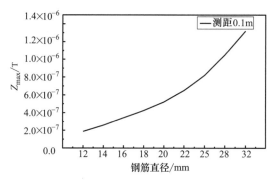

图 5.2-11 不同钢筋直径对应的桩底磁场强度 Z 极大值曲线（测距：0.1m）

由图 5.2-10 可知，不同钢筋直径下桩基模型磁场强度 Z 仿真曲线在桩基两端均可见明显突变，出现两反向峰值，且不同钢筋直径对应的曲线在端部均相交于相同点；桩身磁感强度相对于桩端来说较为平缓，变化幅度不大。由图 5.2-11 结果可知，随着桩身钢筋直径的增加，桩基模型磁场强度 Z 仿真曲线在桩端的数值也逐渐增大，说明钢筋直径大小主要影响磁场强度 Z 仿真曲线两端极值情况，采用较大直径钢筋有利于桩基磁场变异特征识别。

（4）钢筋数量的影响

为研究钢筋数量对桩基磁感应法检测磁场信号规律的影响，对工况4的磁场信号数据进行分析，如图5.2-12和图5.2-13所示。由图可知，不同钢筋数量下桩基模型磁场强度Z仿真曲线在桩基两端均发生明显突变，出现两个反向峰值，并且不同钢筋数量下的曲线在端头交于同一点；桩身磁感强度相对于两端来说变化较为平缓。进一步分析可知，随着桩身钢筋数量的增加，桩基模型磁场强度Z仿真曲线在桩端极值逐渐增大，说明钢筋数量的大小主要影响桩基模型磁场强度在两端的极值，增加桩身配筋率有利于桩基磁场强度检测。

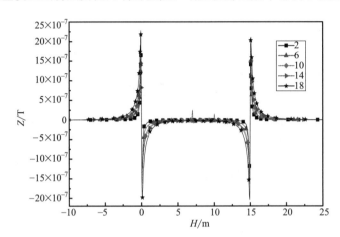

扫码查看彩图

图5.2-12 不同钢筋数量下桩基模型磁场强度Z仿真曲线（测距：0.1m）

（5）桩基长度的影响

为研究不同桩长下的桩基磁感应法检测磁场信号的变化及其规律，对工况5的磁场信号数据进行分析，如图5.2-14所示。分析可知，不同桩长下桩基模型磁场强度Z仿真曲线均在桩基两端发生明显突变，可见两个反向峰值。桩长越小，桩身磁感强度相对两端来说变化更加明显，并且中部磁场强度数值越大。进一步分析可知，不同桩长下桩基模型磁场强度Z仿真曲线极值十分接近，说明桩长对桩基端部磁感应法检测数值影响较小。

表5.2-3为不同桩长下桩基模型底端的计算磁场强度极值Z_{max}。由表中数值可知，不论桩长大小如何变化，桩基模型磁场强度极值Z_{max}

扫码查看彩图

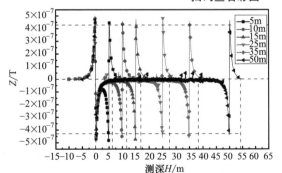

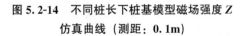

图5.2-13 桩底位置处不同钢筋数量下桩基模型磁场强度Z极大值变化曲线（测距：0.1m）

图5.2-14 不同桩长下桩基模型磁场强度Z仿真曲线（测距：0.1m）

的相对平均偏差仅为 1.95%，说明桩长对磁场强度极值 Z_{max} 的影响很小。

不同桩长下桩基模型磁场强度极值 Z_{max}（测距：0.1m） 表 5.2-3

桩长(m)	磁场强度极值 Z_{max}(T)	相对平均偏差(%)
5	$1.63×10^{-6}$	
10	$1.55×10^{-6}$	
15	$1.59×10^{-6}$	1.95
25	$1.58×10^{-6}$	
35	$1.66×10^{-6}$	
50	$1.58×10^{-6}$	

注：① 磁场强度 Z_{max} 平均值按式（5.2-6）计算：

$$\overline{Z_{max}} = \left(\sum_{i=1}^{n}(Z_{max})_i\right)/n \tag{5.2-6}$$

式中：$(Z_{max})_i$ 为桩底位置处不同桩长对应的桩基模型磁场强度 Z_{max}；n 为表 5.2-3 中桩长的统计数量，取 6。

② 磁场强度 Z_{max} 平均偏差按式（5.2-7）计算：

$$\Delta Z_{max} = \left(\sum_{i=1}^{6}|(Z_{max})_i - \overline{Z_{max}}|\right)/6 \tag{5.2-7}$$

③ 磁场强度 Z_{max} 平均偏差按式（5.2-8）计算：

$$\delta = \Delta Z_{max}/\overline{Z_{max}} × 100\% \tag{5.2-8}$$

对不同桩长下的桩基检测数据按照工况 2 方式进行数据处理，结果如图 5.2-15 所示。由该图可知，当测试距离不大于 1.0m 时，桩基模型磁场强度 Z 极大值变化归一化曲线梯度数值随距离变化明显；当测试距离超过 1.0m 时，磁场强度 Z 极大值变化归一化曲线梯度数值变化较小，说明测试间距对不同桩长磁感应法探测结果影响总体一致，再次表明在实际工程检测时，应尽量将桩-孔测试间距控制在 1m 以内。

扫码查看彩图

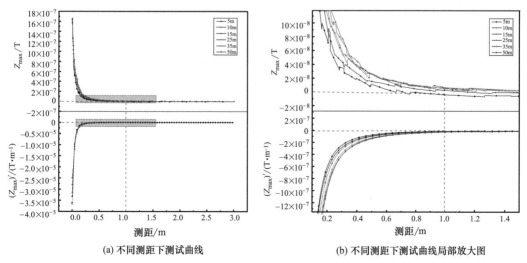

(a) 不同测距下测试曲线　　(b) 不同测距下测试曲线局部放大图

图 5.2-15　不同桩长下桩基模型磁场强度 Z 极大值曲线及梯度曲线

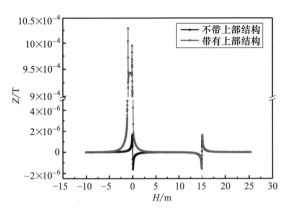

图 5.2-16 桩基模型磁场强度 Z 仿真曲线对比

扫码查看彩图

（6）上部结构的影响

为研究带有上部钢筋混凝土结构的桩基磁感应法检测磁场信号的变化及其规律，对工况 6 的磁场信号数据进行分析，并与不带上部结构的桩基磁感应法信号进行对比，如图 5.2-16 所示。分析可知，在靠近桩基顶部位置，带上部结构的桩基磁感应法检测信号比未带上部结构的桩基检测信号突变更加明显，未见两个反向峰值特征；在桩基底端带上部结构和未带上部结构的桩基检测信号曲线基本趋于一致，并且可见两个反向峰值。该现象表明，在进行既有桩基磁感应法检测时，上部钢筋混凝土结构的影响范围总体有限，主要对桩顶附近测试结果有较大影响，对桩基底端影响不大，该方法仍适用于既有桩基长度判别。

5.3 足尺模型桩试验

5.3.1 试验概况

为检验磁感应法检测既有桩基钢筋笼长度的可靠性，明确满足实际工程应用的桩-孔测试距离，结合某模型桩场地开展现场测试试验。采用的磁感应法检测设备为 SH-M2 型磁测仪，该仪器通过磁探头测量磁场在钢筋笼附近的变化，从而反映桩基钢筋笼的长度，进而判定基桩长度。

表 5.3-1 为钻孔揭露的试验场地典型地层情况。总体来看，地表以下 4.0m 深度范围内为素填土，往下依次为砂质黏土、全风化花岗岩、强风化花岗岩、中～微风化花岗岩。

场地土性与分层情况　　　　　　表 5.3-1

岩土名称及特征	深度(m)	厚度(m)
素填土	0.0～3.8	3.8
砂质黏土	3.8～9.0	5.2
全风化花岗岩	9.0～11.0	2.0
强风化花岗岩	11.0～17.0	6.0
中风化花岗岩	17.0～22.4	>5.4
微风化花岗岩	—	—

5.3.2 试验设计

足尺试验采用 4 根直径 1.2m 的人工挖孔灌注桩，桩身混凝土强度为 C25。利用 PVC 套管测试孔作为磁感应法信号接收钻孔，钻孔中心离桩边净距范围 0.2m～1.8m，如图 5.3-1 所示。

第5章 既有桩基磁感应测试方法研究

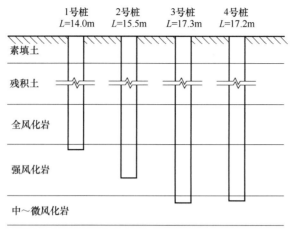

(a) 模型桩立面

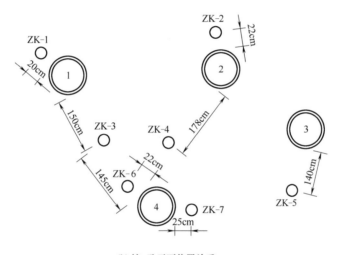

(b) 桩-孔平面位置关系

图 5.3-1 足尺模型桩试验示意图

现场试验按以下步骤进行：

（1）在桩侧布置钻孔，钻孔编号、钻孔深度、桩孔净距参数见表 5.3-2。

（2）按照表 5.3-2 中所列的测试工况依次进行桩长磁感应法测试，各试验工况均重复 2 次。

（3）对测试的数据进行整理，分析不同测试距离下磁感应法检测桩基长度的准确性。

模型桩磁感应法测试工况　　　　　　表 5.3-2

测试编号	桩		孔		桩孔净距（m）
	桩号	桩长（m）	孔号	孔深（m）	
1-1	1	14.0	1	22.50	0.20
2-2	2	15.5	2	22.25	0.22
3-5	3	17.3	5	22.00	1.40

续表

测试编号	桩		孔		桩孔净距(m)
	桩号	桩长(m)	孔号	孔深(m)	
4-3	4	17.2	3	22.00	1.45
4-4			4	21.50	1.65
4-6			6	20.00	0.22
4-7			7	22.00	0.25

注：表中孔深是指磁测仪磁探头探测有效深度。

5.3.3 试验结果分析

（1）1-1 测试工况：桩孔净距 0.20m

图 5.3-2 为 1-1 测试桩侧磁感测试曲线。根据磁感应法测试桩长判定方法，结合磁感测试曲线可知，磁场垂直分量-深度（Z-H）曲线在 15.8m 位置附近有明显拐点，同时磁场垂直分量梯度-深度［(dZ/dH)-H］曲线出现极值点。该深度以下磁场强度曲线均匀、平稳，趋于背景磁场 Z_0 值，垂直磁场分量曲线再无明显拐点出现，推测 1 号桩基钢筋笼底端位置为 13.3m，与设计桩长（14.0m）的误差为 0.7m（磁感测试曲线深度起始点为 2.5m，钢筋笼底端位置为 Z-H 曲线拐点 15.8m 减去曲线起始点位置 2.5m，结果为 13.3m）。

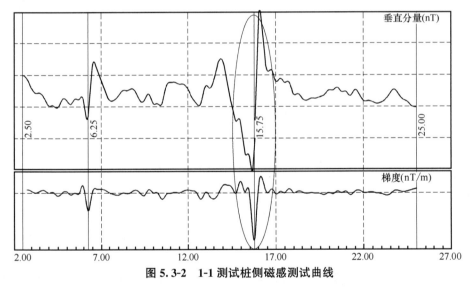

图 5.3-2 1-1 测试桩侧磁感测试曲线

（2）2-2 测试工况：桩孔净距 0.22m

图 5.3-3 为 2-2 测试桩侧磁感测试曲线。由磁感测试曲线可知，磁场垂直分量-深度（Z-H）曲线在 17.8m 位置附近有明显拐点，同时磁场垂直分量梯度-深度［(dZ/dH)-H］曲线出现极值点。该深度以下磁场强度曲线均匀、平稳，趋于背景磁场 Z_0 值，垂直磁场分量曲线再无明显拐点出现，推测 2 号桩基钢筋笼底端位置为 15.0m，与设计桩长（15.5m）的误差为 0.5m（磁感测试曲线深度起始点为 2.8m，钢筋笼底端位置为 Z-H 曲线拐点 17.8m 减去曲线起始点位置 2.8m，结果为 15.0m）。

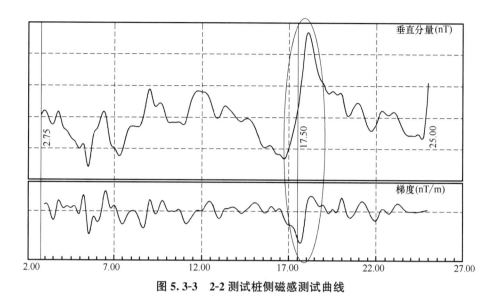

图 5.3-3　2-2 测试桩侧磁感测试曲线

(3) 3-5 测试工况：桩孔净距 1.40m

图 5.3-4 为 3-5 测试桩侧磁感测试曲线。3 号桩基测试曲线磁场垂直分量-深度（Z-H）曲线没有明显的拐点，磁场垂直分量梯度-深度〔(dZ/dH)-H〕曲线的极值点也不清晰，难以判定桩端钢筋笼特征（图中的直线表示疑似位置）。

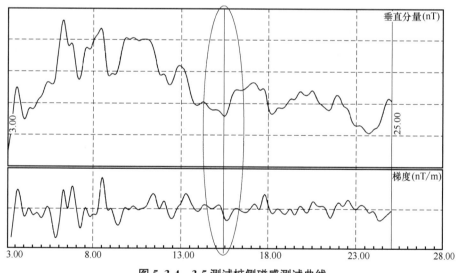

图 5.3-4　3-5 测试桩侧磁感测试曲线

(4) 4-3 测试工况：桩孔净距 1.45m

图 5.3-5 为 4-3 测试桩侧磁感测试曲线。4 号桩基测试曲线磁场垂直分量-深度（Z-H）曲线没有明显的拐点，磁场垂直分量梯度-深度〔(dZ/dH)-H〕曲线的极值点也难以看出，无法判定桩端钢筋笼特征（图中的直线表示疑似位置）。

(5) 4-4 测试工况：桩孔净距 1.65m

图 5.3-6 为 4-4 测试桩侧磁感测试曲线。4 号桩基测试曲线磁场垂直分量-深度（Z-

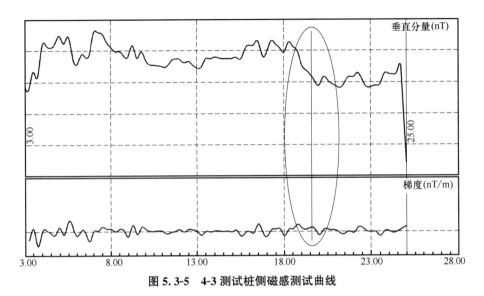

图 5.3-5　4-3 测试桩侧磁感测试曲线

H）曲线没有明显的拐点，磁场垂直分量梯度-深度 [(dZ/dH)-H] 曲线的极值点也难以看出，无法判定桩端钢筋笼特征（图中的直线表示疑似位置）。

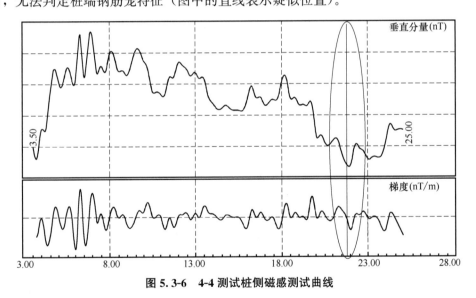

图 5.3-6　4-4 测试桩侧磁感测试曲线

（6）4-6 测试工况：桩孔净距 0.22m

图 5.3-7 为 4-6 测试桩侧磁感测试曲线。由磁感测试曲线分析可知，磁场垂直分量-深度（Z-H）曲线在 21.5m 附近有明显拐点，同时该深度磁场垂直分量梯度-深度 [(dZ/dH)-H] 曲线出现极值点，推测 4 号桩基钢筋笼底端位置为 16.5m，与设计值 17.2m 的误差为 0.7m。

（7）4-7 测试工况：桩孔净距 0.25m

图 5.3-8 为 4-7 测试桩侧磁感测试曲线。分析磁感测试曲线可知，磁场垂直分量-深度（Z-H）曲线在 19.2m 附近有明显拐点，同时磁场垂直分量梯度-深度 [(dZ/dH)-H] 曲线出现极值点，推测 4 号桩基钢筋笼底端位置为 16.3m，与设计桩长 17.2m 相差 0.9m。

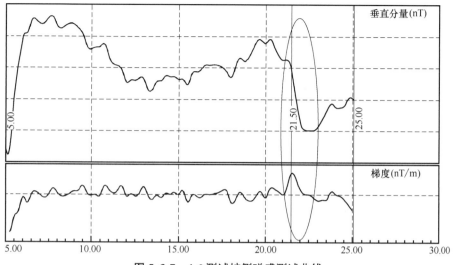

图 5.3-7　4-6 测试桩侧磁感测试曲线

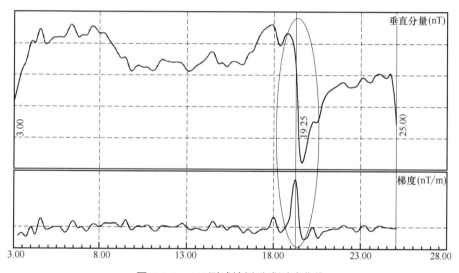

图 5.3-8　4-7 测试桩侧磁感测试曲线

5.4　超长桩长度测试试验

5.4.1　试验设计

某车站综合楼采用泥浆护壁钻孔灌注桩基础，桩径 800mm，桩端进入持力层不小于 3m，混凝土采用 C35 水下混凝土。灌注桩配筋为：主筋 18Φ18，箍筋 Φ8@200/100，加劲箍 Φ16@2000，保护层厚度 55mm，钢筋笼设计长度 51.5m。选取灌注桩 P1 进行钢筋笼长度检测，分析桩-孔距和测试孔垂直度等对测试结果的影响。在该桩附近钻取 4 个测试孔，测试孔布置见图 5.4-1，测试孔深度和间距信息见表 5.4-1。

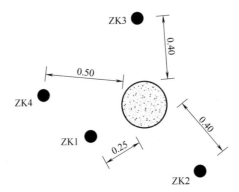

图 5.4-1 工程桩测试孔布置示意图（单位：m）

工程桩测试孔信息　　　　　　　表 5.4-1

测试编号	桩基		测试孔		桩-孔距(m)
	桩号	钢筋笼设计长度(m)	编号	深度(m)	
1	P1	51.5	k-1	55.0	0.25
2			k-2	51.4	0.40
3			k-3	55.0	0.40
4			k-4	54.6	0.50

5.4.2 测试结果分析

采用磁测仪分别在桩周各测试孔内进行测试，测试结果见图 5.4-2。现对图 5.4-2 中工程桩钢筋笼长度磁感应法测试曲线进行简要说明：图中每一幅图均存在两条曲线，两条曲线的左端点为测试孔起始位置，起始位置均为零；每一幅图曲线从上往下来看第一条曲线为磁场垂直分量 Z 曲线，第二条为垂直分量梯度曲线。

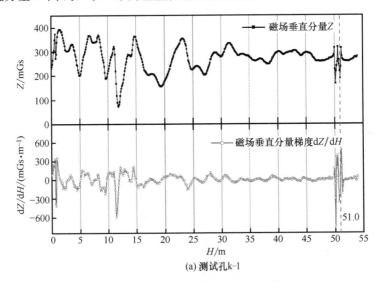

(a) 测试孔 k-1

图 5.4-2 灌注桩钢筋笼长度测试曲线（一）

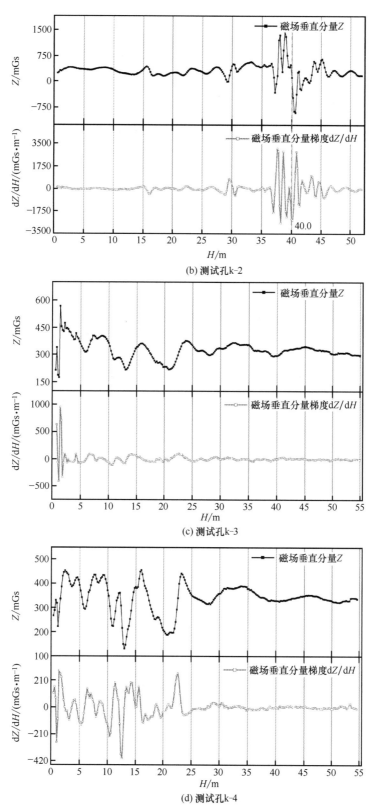

(b) 测试孔k-2

(c) 测试孔k-3

(d) 测试孔k-4

图5.4-2 灌注桩钢筋笼长度测试曲线（二）

由图 5.4-2 分析可知，测试孔孔距为 0.25m 时，在位置 51.0m 处 P1 桩钢筋笼长度磁感应法测试曲线存在明显的磁场特征信号，磁场垂直分量 Z 曲线存在明显拐点，梯度曲线存在极值点，51.0m 以下磁场垂直分量逐渐趋近于背景磁场。由此，可判定钢筋笼长度为 51.0m，与钢筋笼长度设计值基本一致。测试孔孔距为 0.40m 时，在位置 40.0m 处 P1 桩磁感应法测试曲线存在明显的磁场特征信号，40m 以下磁场特征信号偏弱，可初步判断 P1 工程桩不少于 40m。但由于测试孔深度未超过设计钢筋笼底端位置，磁感应法不能有效测试出钢筋笼底部磁场特征信号，故无法判断 40m 以下钢筋笼底部位置。测试孔孔距为 0.40m 和 0.50m 时，虽然测试孔深度均超过钢筋笼设计长度 3m 以上，但工程桩钢筋笼长度磁感应法测试曲线的磁场特征信号偏弱，不能对钢筋笼底端进行有效判定。经过原因分析，可能是由于超长钻孔导致测试孔存在垂直度偏差，使深部测试孔孔距超过有效测试范围所致。表 5.4-2 为灌注桩钢筋笼长度磁感应法测试结果。

灌注桩钢筋笼长度磁感应法测试结果　　　　表 5.4-2

测试编号	桩号	孔距(m)	钢筋笼设计长度(m)	钢筋笼实测长度(m)
1	P1	0.25	51.5	51.0
2	P1	0.40	51.5	—
3	P1	0.40	51.5	—
4	P1	0.25	51.5	—

通过工程桩测试试验，验证了磁感应法测试灌注桩钢筋笼长度的可靠性，证实了测试孔孔距对测试结果存在较大影响。对于超长桩，钻孔过程中可能存在垂直度偏差过大，导致测试孔逐渐远离桩基，致使钢筋笼底部位置处测试孔孔距超过磁场特征信号测试有效范围。为此，在工程实践中要尽量使测试孔靠近桩基侧，测试孔钻孔过程，尽量保证垂直度，确保测试磁场信号的有效性。

5.5　嵌岩桩长度测试试验

5.5.1　试验设计

某在建桥梁上部结构为三柱式墩，墩柱直径 1.30m，各墩柱下为独立单桩基础。桩基施工长度 22m，桩径 1.50m，桩周土层为砂质黏土、强～中风化混合岩，桩端嵌入微风化混合岩，设计为嵌岩桩。图 5.5-1 给出了磁感应法测试钻孔与桩基的平面位置关系，桩-孔测试间距为 1m。

表 5.5-1 为本次现场测试开展的试验工况。图 5.5-2 为现场测试照片。

桥梁桩基磁感应法测试工况　　　　表 5.5-1

测试编号	桩		孔		桩-孔距(m)
	桩号	桩长(m)	孔号	孔深(m)	
1-1	1	22.00	ZK1	26.00	1.00
2-2	2	22.00	ZK2	26.50	1.00

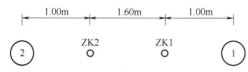

图 5.5-1 桥梁桩基磁感应法测试平面示意图

图 5.5-2 桥梁桩基磁感应法现场测试照片

5.5.2 测试结果分析

1号和2号桩测试结果基本类似，以下以2号桩测试结果为例进行讨论。图 5.5-3 为 2-2 测试桩侧磁感数据及磁感曲线。可以看出，磁场垂直分量-深度（Z-H）曲线在 26.50m 位置附近可见较明显拐点，同时磁场垂直分量梯度-深度 $[(dZ/dH)$-$H]$ 曲线出现极值点。该深度以下磁场强度曲线平稳，趋于背景磁场 Z_0 值，无明显拐点出现，推测 2 号桩基钢筋笼底端埋深为 23.00m，与设计桩长 22.00m 相差 1.00m。该案例表明磁感应法测试既有桩基长度具有一定可行性。综合前文数值分析结果可知，由于桩顶部桥墩钢筋的影响，桩顶曲线发生明显突变，与磁感应法检测自由桩基磁场曲线存在明显差异，但上部结构钢筋对桩基底端磁场分布影响有限。

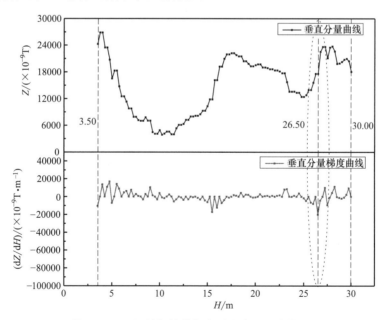

图 5.5-3 2号桩钢筋笼长度磁感应法测试曲线

第6章

既有桥梁桩基服役性能综合检测技术研究

既有桩基检测需根据评估目的、现场条件等选择合适的测试与分析方法，仅采用一种检测方法很难实现全面、科学和经济性评估。针对经受地基沉降、车辆超载和强烈地震作用的大量早期修建的桥梁，本章提出采用动刚度法进行普查，钻芯法、钻孔低应变法和承载力验算法等进行验证的既有桥梁桩基服役性能综合检测方法。首先介绍该综合评估方法的总体思路和实施步骤，再详细介绍各主要方法的测试原理和技术特点，明确各种方法的选用原则，最后依托实际公路桥梁维修加固案例，说明该综合检测和评估方法的实施过程和应用效果。

6.1 既有桥梁桩基服役性能综合检测与评估方法

6.1.1 评估方法总体思路

针对经受地基沉降、车辆超载、车船撞击、水流冲刷和强烈地震作用的大量早期修建的桥梁，提出采用动刚度法进行普查，钻孔低应变法、单孔地震波法、跨孔弹性波法、钻芯法和承载力验算法等进行验证的既有桥梁桩基承载性能综合评估方法。该方法具有现场操作方便、测试成本低和不影响桥梁通行等优点。该方法将病害普查与详查相结合，既兼顾了检测效率，又保证了检测结果准确可靠，实现了大量既有桩基工程性能精准检测评估。该方法的主要实施步骤见图 6.1-1。

（1）初步分析：选取少数代表性桥桩进行动刚度法测试和钻孔低应变法完整性分析，挑选其中完整桩基础计算动静对比系数 η，并进行动态调整。

（2）普查测试：通过实测动刚度值推算桥桩承载能力 Q，并计算设计荷载 P，再进行桥桩评估。当 $Q \geqslant P$ 时，认为桥桩承载力满足要求，加强观测；反之承载力不足，需进行加固。

（3）验证检测：通过钻芯法、单孔地震波法、跨孔弹性波法等判断桩基完整性，并对桩基承载力评估结果进行验证。

6.1.2 动刚度法普查

相同形式桩基在相近地层环境下的动刚度与承载力具有正相关性，可通过动刚度值大小推断其相对承载力的大小。已有研究成果表明，承受设计荷载水平相近的桥桩，动刚度值对评估桥桩完整性具有较高的可信度，测试动刚度值越低，桥桩出现质量缺陷的可能性较高。现场测试时，在桩顶布置力传感器和低频速度传感器，为减少测试和分析误差，对

第6章 既有桥梁桩基服役性能综合检测技术研究

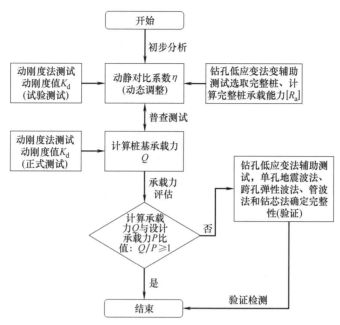

图 6.1-1 既有桥梁桩基服役性能检测与评估流程

落锤高度、拾振点位置进行统一操作。首先，通过测试得到速度导纳随频率变化的函数[式（6.1-1）]：

$$Y_V(f)=\frac{S_{FV}(f)}{S_{FF}(f)} \quad (6.1\text{-}1)$$

式中：$Y_V(f)$ 为速度导纳；$S_{FV}(f)$ 为力和速度的互功率谱；$S_{FF}(f)$ 为力的自功率谱。

然后，采用式（6.1-2）计算动刚度随频率变化的函数：

$$K_d(f)=\frac{2\pi f}{Y_V(f)} \quad (6.1\text{-}2)$$

利用实测速度导纳曲线低频段近似直线的特性，取动刚度在低频段（通常可选取10Hz～30Hz频段）的平均值作为桩基的动刚度值。

理论上，当激振频率 $f \to 0$ 时，动刚度趋于静刚度，即 $K_d \to K_s$。实际工程中激振频率不可能为0，引入动静刚度对比系数 $\eta = K_d/K_s$，推算单桩承载力 Q [式（6.1-3）]：

$$Q=\frac{K_d S_a}{\eta} \quad (6.1\text{-}3)$$

式中：S_a 为单桩容许沉降量（mm），计算时取4mm。

由于要确保公路桥梁的正常通行，现场缺乏对既有桥桩静载试验的条件。因此在初步分析阶段，通过钻孔低应变法辅助测试选取典型完整桩，并按式（6.1-4）确定动静刚度对比系数：

$$\eta=\frac{K_d S_a}{[R_a]} \quad (6.1\text{-}4)$$

式中：$[R_a]$ 为完整桩容许承载力，取值根据《公路桥涵地基与基础设计规范》JTG

3363—2019 计算，其中，钻孔灌注摩擦桩承载力容许值按式（6.1-5）计算，端承桩承载力容许值按式（6.1-6）计算：

$$\left.\begin{array}{l}[R_a]=\dfrac{1}{2}u\sum_{i=1}^{n}q_{ik}l_i+A_pq_r \\ q_r=m_0\lambda[[f_{a0}]+k_2\gamma_2(h-3)]\end{array}\right\} \quad (6.1\text{-}5)$$

$$[R_a]=c_1A_pf_{rk}+u\sum_{i=1}^{m}c_{2i}h_if_{rki}+\dfrac{1}{2}\zeta_s u\sum_{i=1}^{n}l_iq_{ik} \quad (6.1\text{-}6)$$

式中符号含义参见《公路桥涵地基与基础设计规范》JTG 3363—2019 的规定。

为了确保 η 的取值既能真实反映实际情况，又在一定保证概率下对所有待测桥梁桩基具有适用性，需选取桩位开展工程地质钻探与勘察，以全面掌握桥梁区域地层岩性和力学性能变化情况，提高 $[R_a]$ 值计算的可靠性。同时，在初步分析阶段，对 η 取值进行动态调整。

6.1.3 钻孔低应变法测试

低应变反射波法是建立在一维波动理论基础上，将桩假设为一维弹性连续杆，在桩身顶部进行竖向激振产生弹性波，弹性波沿着桩身向下传播，对桩身存在明显差异的界面（如桩底、断桩和严重离析等）或桩身截面积变化（如缩径或扩径）部位，波阻抗将发生变化，产生反射波，通过安装在桩顶的传感器接收反射信号，实测桩顶部的速度时程曲线，通过波动理论分析，对桩身完整性进行判定。该方法对既有桩基测试效果不佳，其主要原因在于该方法通常是在承台顶面敲击，并在承台顶面接收反射信号，大部分的振动传播能量被局限在承台内。即便有少部分能量进入桩基内部，也将因为长距离传播使得由桩底反射的波信号被埋没在承台多次反射信号中，对有效波信号的传递和识别造成干扰。

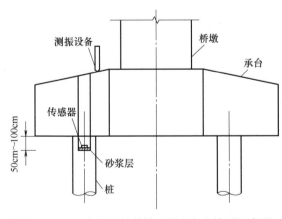

图 6.1-2 既有桥梁桩基钻孔低应变法检测示意图

基于数值分析和实践经验，提出既有桩基钻孔低应变检测方法，即在基桩中心对应的承台顶部钻孔，将带有磁座的传感器安装在被测桩基础的顶面。在承台顶面上进行锤击激振，通过传感器采集接收沿桩身传播的反射波信号，据此来分析判定桩基的完整性（图 6.1-2）。钻孔直径通常可取 100mm，钻孔深度取桩顶往下 0.5m～1.0m 深度处，钻孔完成后在孔底采用快硬砂浆整平并在砂浆顶部预埋铁板，待快硬砂浆凝固完成后采用带有磁座的传感器吸附于铁板表面。

采用 ABAQUS 有限元分析软件建立带承台桩基的数值模型，分析传感器安装位置对桩基完整性评估结果的影响。数值模型包括完整单桩承台和缩径单桩承台两类。桩基类型均假定为嵌岩桩，桩径 0.8m，桩长 11.1m，桩顶嵌入承台 0.1m。承台为正方形，边长 1.2m，厚度 1.0m。单桩承台结构材料参数见表 6.1-1。

单桩承台结构材料参数　　　　　　　　表 6.1-1

基础类型	弹性模量(Pa)	泊松比	密度(kg/m³)
完整单桩承台	3.0×10^{10}	0.2	2420
缩径单桩承台	3.0×10^{10}	0.2	2420

完整和缩径单桩承台的数值模型如图 6.1-3 所示。测点布置图如图 6.1-4 所示，测点 1 和测点 3 表示传感器设置在承台顶部位置，测点 2 和测点 4 表示钻孔后传感器设置于桩顶附近位置。

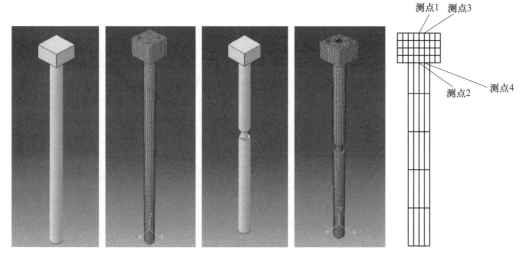

图 6.1-3　完整和缩径单桩承台有限元模型　　　　图 6.1-4　测点布置图

完整单桩承台各个测点处的速度-时间曲线如图 6.1-5～图 6.1-8 所示。

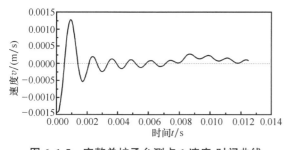

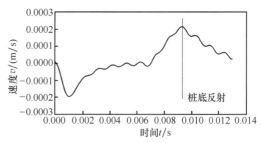

图 6.1-5　完整单桩承台测点 1 速度-时间曲线　　　图 6.1-6　完整单桩承台测点 3 速度-时间曲线

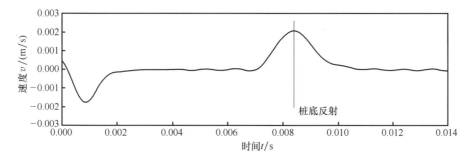

图 6.1-7　完整单桩承台测点 2 速度-时间曲线

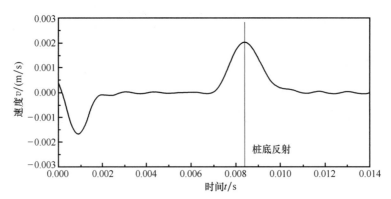

图 6.1-8　完整单桩承台测点 4 处速度-时间曲线

对比各测点曲线可知，测点 1 处测得的速度-时间曲线无法判断桩身的完整性，测点 3 处的速度-时间曲线虽然能够看到桩底的反射，但曲线不如测点 2 和测点 4 处曲线平滑，存在较多波动，桩底反射的具体位置也不太清晰。显然，安装在桩顶面的测点 2、4 有效规避了承台杂波的影响，可清晰获取桩底反射信号。

缩径单桩承台各个测点处的速度-时间曲线如图 6.1-9～图 6.1-12 所示。

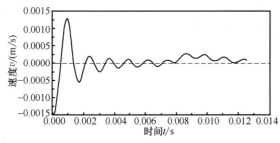

图 6.1-9　缩径单桩承台测点 1 处的速度-时间曲线　　图 6.1-10　缩径单桩承台测点 3 处速度-时间曲线

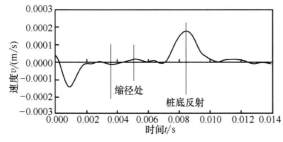
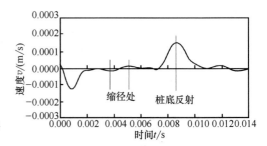

图 6.1-11　缩径单桩承台测点 2 处速度-时间曲线　　图 6.1-12　缩径单桩承台测点 4 处速度-时间曲线

对比各测点曲线可知，测点 1、3 速度-时间曲线对缺陷位置和桩底反射的识别均不如测点 2、4 清晰。测点 2、4 速度-时间曲线能较为清晰地反映出缺陷的位置，可见明显的缩径缺陷反射信号。

综上可以看出，通过钻孔将传感器布置在桩顶附近位置，可有效规避上部承台结构对低应变法检测既有桩基的信号干扰，获取较为清晰的桩底和缺陷反射信号，对既有桩基完整性与桩长的判定具有较好的适用性。

6.1.4 钻芯检测与孔内测试

钻芯法可直接钻取芯样，判定桩长和桩身缺陷。为解决既有结构下部空间高度有限、传统钻探设备难以靠近桩基钻探的问题，研发了便携式取芯钻机，该钻机可在净空高度2.5m，靠近既有墙柱侧面30cm位置成孔，钻孔垂直度偏斜小于0.2%，钻芯设备实物照参见图6.1-13。

为提高钻芯法测试结果评判的准确性，同时开展桩身混凝土质量孔内摄像检测。为提高图像数据质量和病害识别准确率，开发了钻孔成像采集装置的标定参数获取方法及图像智能识别算法。由于钻芯法检测桩身缺陷不具备穿透能力，仅能发现孔壁混凝土质量缺陷，对此，提出将管波法用于既有桩基质量检测（图6.1-14），通过分析孔内管波的波形、波幅和能量分布特征，推断桩身混凝土缺陷情况。管波法仅利用少量钻孔，可对整个桩基的完整性作出综合判断，降低了钻芯法检测对桩身结构的不利影响，有效避免了钻芯法"一孔之见"的不足。

图6.1-13 既有桩基钻芯设备实物

管波法测试孔布置应综合考虑信号覆盖范围和灌注桩直径，具体应满足下列规定（图6.1-15）：

（1）桩径$D≤1.6m$的桩，不应少于1孔；桩径$1.6m<D≤2.4m$，不应少于2孔；桩径$2.4m<D≤3.2m$，不应少于3孔；桩径$D>3.2m$，不应少于4孔。

（2）当检测孔数量为1个时，宜在距桩中心10cm~20cm位置布孔；当检测孔数量为

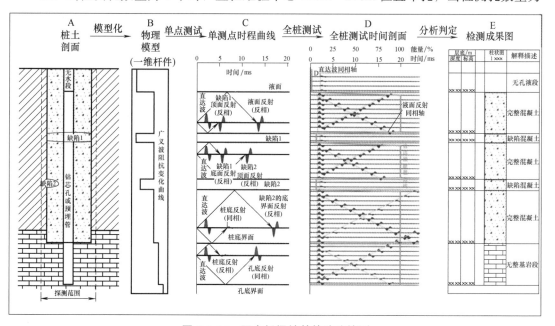

图6.1-14 既有桥梁桩基管波法检测

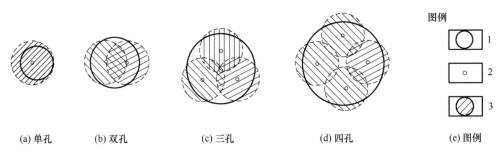

1—桩基；2—管波法检测孔；3—管波法检测范围

图 6.1-15　灌注桩管波检测孔布置示意图

2～4 个时，检测孔宜在距桩中心 $0.15D$～$0.25D$ 处均匀对称布置；当检测孔数量为 5 个及以上时，其中一个检测孔应布置在桩轴心附近，其他检测孔按测试范围均匀布置在周围。

(3) 检测孔深度应达到设计要求的桩端持力层深度。

管波法现场测试采用收发换能器距离恒定、测点间距恒定的自激自收观测系统，测点间距不大于 $0.1m$。当测试发现桩身混凝土异常或桩底存在沉渣时，应采用不大于 $0.05m$ 的测点间距对测试异常段进行加密重复检测。现场应对管波信号进行实时监控，采集的波形要求初至清晰、波形正常，发现波形畸变应重复检测。

桩身完整性类别应根据检测获得的直达管波的能量、频率，反射管波的能量、频率、波速和相位等特征，按表 6.1-2 进行综合判定。检测成果主要包括受检桩桩底标高、桩身完整性评价、管波测试时间剖面图。

桩身完整性分类与判别依据　　　　表 6.1-2

类别	判别依据
Ⅰ类	(1) 直达管波波速高，能量不低于完整混凝土的 75%； (2) 段内无反射界面； (3) 有顶底界面反射波组时，向内的一支能量强、波速高，在段内无能量消散现象
Ⅱ类	(1) 直达管波波速较高，能量为完整混凝土的 50%～75%； (2) 有顶底界面反射波组时，向内的一支能量较弱、波速较高； (3) 顶底界面以外出现的反射波组穿过本段顶底界面进入本段后，能量、频率、波速稍微变低； (4) 段外为完整混凝土时，界面处出现向外的反射波组，能量较弱
Ⅲ类	(1) 直达管波波速较低，能量为完整混凝土的 25%～50%； (2) 有顶底界面反射波组时，向内的一支能量弱、波速较低； (3) 顶底界面以外出现的反射波组穿过本段顶底界面进入本段后，能量、频率、波速显著变低； (4) 段外为完整混凝土时，界面处出现向外的反射波组，能量较强
Ⅳ类	(1) 直达管波波速低，能量低于完整混凝土的 25%； (2) 有顶底界面反射波组时，向内的一支能量很弱、波速低； (3) 顶底界面以外出现的反射波组穿过本段顶底界面进入本段后，能量、频率、速度突然变低，甚至消失； (4) 段外为完整混凝土时，界面处出现向外的反射波组，能量强

6.2 工程应用：特大桥桩基承载性能检测

6.2.1 工程概况

某高速公路特大桥全长19638.22m，共735跨。近年来，该桥出现部分桥墩不同程度下沉、桥面线形不平顺等异常状况，结构存在一定安全隐患。为此，需对发现异常的部分桥墩进行加固处理。根据调查统计，该桥需要加固的桥墩基础有804个，除去已经加固完成的桥墩外，尚未进行加固处理的桥墩数量为460个。桥梁概况如图6.2-1～图6.2-4所示。

图6.2-1　桥梁线形下凹（板梁）

图6.2-2　桥墩立柱倾斜

图6.2-3　桥梁线形下凹（T梁）

图6.2-4　T梁支座变形

该桥梁位于珠江三角洲地带，沿线河流密布，软土地基较多，桥梁基础设计为嵌岩桩基础，持力层为泥岩。结合资料分析与现场检测发现，部分桥墩基础存在以下问题：(1) 部分基桩在施工阶段就发现存在一定桩身缺陷，且缺陷程度较严重，如桩头松散、桩身某节或整段混凝土质量差，但未见有及时处理的记录资料。(2) 部分基桩长度的检测资料和钻孔记录存在差异，影响对桩身质量的评判，存在误判或错判的情况。(3) 部分基桩的桩身质量缺陷在施工检测时未予以判明，从实测信号分析，部分基桩在施工检测时被判定为完整，但实际仍然存在一定缺陷，其中个别基桩的缺陷程度较为严重。(4) 桥梁基础设计为嵌岩桩，但低应变法的实测信号分析表明，桩端持力层强度较桩身混凝土强度偏低。(5) 桥墩基础的沉降大部分表现为不均匀沉降，对墩梁固结的结构或桥面连续的上部结构而言均为不利因素,给桥梁的安全运营造成一定影响。

考虑到该桥桥墩存在的上述问题,为消除安全隐患,对剩余未加固的桥墩基础进行专项检测与评估。为检验各种检测方法的适用性,先选取少量桥墩进行前期测试,选取原则为尽量覆盖未加固桥墩的所有类型、减少开挖施工对结构的安全影响。根据现场踏勘选取了10个不需要大量开挖、便于施工操作的桥墩桩基开展前期试验工作,这些桥墩基本覆盖了未加固桥墩的所有类型。

6.2.2 桥桩初步分析方案

综合采用多种既有桩基检测技术对选取的桥墩桩基础进行检测与评估,分析动刚度法、钻孔低应变法等方法对本工程的适用性,为后期桥梁桩基大规模检测和加固提供依据。具体实施方案如下:(1)采用动刚度法对10个桥墩的桩基进行测试,总体把握各桥墩桩基的状态。(2)采用改进传感器安装方式的钻孔低应变法对10个桥墩桩基进行测试,评价桩身质量,并对桩长进行推算。(3)对王字形、工字形承台桩基进行取芯检测,验证钻孔低应变法的准确性。(4)在各桥墩处进行工程地质钻探,获取各桥墩处的地质资料,结合钻芯、钻孔低应变测试的桩长,验算各桥墩的桩基承载力是否满足要求,进而对是否进行加固提出建议。

所选取的10个典型桥墩的具体状况见表6.2-1,现场情况见图6.2-5～图6.2-7。各基础类型示意图见图6.2-8～图6.2-11。

图 6.2-5　承台表面裸露的 TYPE8 型桥墩基础-L39 南行　　图 6.2-6　承台表面裸露的 TYPE3 型桥墩基础-A14 南北行　　图 6.2-7　D8 高架桥 46 号墩 TYPE1 型桥墩基础

采用夯锤沿桩顶进行激振时,通过夯锤顶部的力传感器获取冲击瞬间的荷载,通过桩顶拾振传感器获取冲击荷载作用下基础的振动,通过传递函数方法分析桩基的动刚度。典型振动测点布置见图6.2-12和图6.2-13。

6.2.3 初步试验结果分析

6.2.3.1 钻芯法结果

采用钻芯检测方法,直观分析基桩状态和基桩与承台连接状态,为后续桥墩检测积累对比分析资料。按照规范要求,钻芯法检测桩身质量应按照桩径<1.2m钻取1孔、1.2m≤桩径≤1.6m钻取2孔、桩径≥1.6m钻取3孔的规定钻取相应孔数。芯样外观状态见表6.2-2。根据钻芯结果并结合其他检测方法,E29B2和E29C1的桩身完整性类别评定为Ⅲ类。为了解基桩混凝土的强度情况,每孔芯样选取3组试件进行混凝土抗压强度试验,测试结果见图6.2-14。

第6章 既有桥梁桩基服役性能综合检测技术研究

表 6.2-1 试验桥墩部分桩基情况说明

桥墩编号	基础类型	基桩编号	桩径(m)	桩长(m)	检测桩长(m)	桩身完整性评价	入岩情况(设计资料)	是否满足设计要求	承载力验算	前期是否进行地质勘探
L39 南行	工字形	C1	1.35	22.27	22.6	距桩头 4.5m 左右局部离析		满足	满足	未进行钻探
L40 南行		F1	1.35	22.33	22.6	完整				
L40 北行		F1	1.35	21.17	21	完整	微风化泥质页岩			
	单桩单柱	B1	1.35	21.46	21.3	距桩头 6m 左右局部离析				
E2 北行		B	1.5	39.96	39.5	距桩头约 30m 处混凝土局部胶结较差		满足	满足	未进行钻探
E29 北行	工字形	A1	1.35	36.45	35.5	桩身完整	微风化泥质页岩	满足	满足	未进行钻探
E29 南行	L形	C1	1.35	38.8	38	桩头胶结较差		满足	不满足	未进行钻探
		D2	1.35	38.8	38	桩身基本完整				
D8 高架 46 号墩北行	单桩单柱	A	1.5	27.68	27.6	桩身基本完整	强风化泥质页岩	不满足	满足	未进行钻探
D8 高架 46 号墩南行		C	1.5	28.28	28.2	桩身基本完整		不满足	不满足	未进行钻探
A14 北行		A1	1.2	19.37	—	—	全风化泥质页岩	不满足	不满足	未进行钻探
		B2	1.2	19.35	—	—				
A14 南行	工字形	C1	1.2	19.58	—	—		不满足	未验算	未进行钻探
		D2	1.2	19.69	—	—				

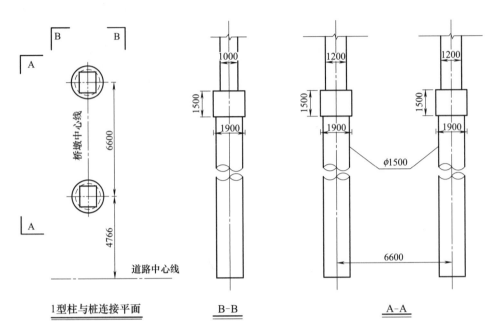

图 6.2-8 TYPE1 型桥墩基础结构形式（单位：mm）

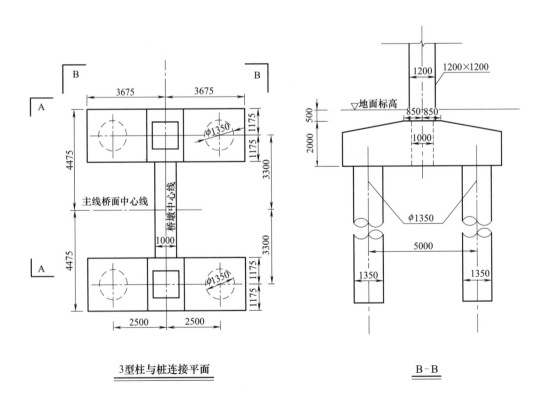

图 6.2-9 TYPE3 型桥墩基础结构形式（单位：mm）（一）

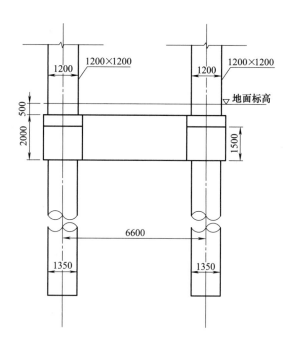

图 6.2-9 TYPE3 型桥墩基础结构形式（单位：mm）（二）

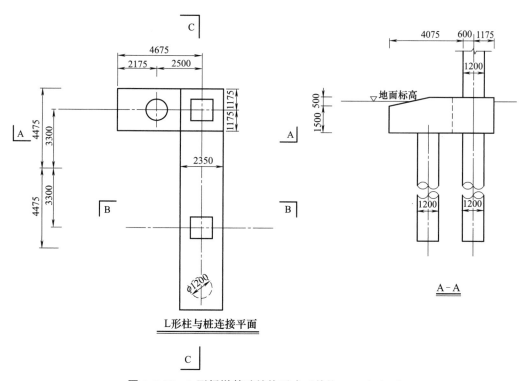

图 6.2-10 L 形桥墩基础结构形式（单位：mm）（一）

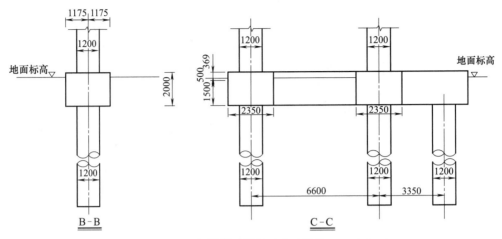

图 6.2-10 L 形桥墩基础结构形式（单位：mm）（二）

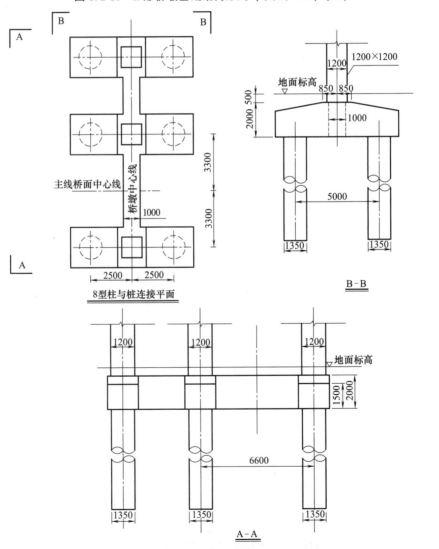

图 6.2-11 TYPE8 型桥墩基础结构形式（单位：mm）

第6章 既有桥梁桩基服役性能综合检测技术研究

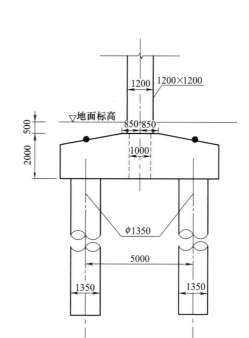

图 6.2-12 TYPE3 型桥墩基础结构振动测点布置（单位：mm）

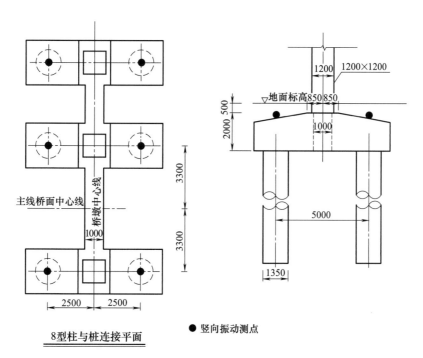

图 6.2-13 TYPE8 型桥墩基础结构振动测点布置（单位：mm）

部分芯样外观状态汇总表 表 6.2-2

桥墩编号	基桩编号		芯样外观状态	桩身完整性类别
L39 南行	C1	2	芯样胶结好,桩与承台连接处正常,骨料分布较均匀,混凝土芯样光滑完整呈长柱状,仅见少量气孔,芯样全长 26.9m,其中底部微风化泥岩岩芯长度 2.66m	I 类
	C2	1	芯样胶结好,桩与承台连接处正常,骨料分布较均匀,混凝土芯样光滑完整呈长柱状,仅见少量气孔,芯样全长 26.8m,其中底部微风化泥岩岩芯长度 2.51m	I 类
L40 北行	E2	2	芯样胶结好,桩与承台连接处正常,骨料分布较均匀,混凝土芯样光滑完整呈长柱状,在 17.9m~20.1m 处轻微蜂窝、沟槽,芯样全长 24.5m,其中底部微风化泥岩岩芯长度 2.28m	I 类
L40 南行	D1	1	芯样胶结好,桩与承台连接处正常,骨料分布较均匀,混凝土芯样光滑完整呈长柱状,仅见少量气孔,芯样全长 25m,其中底部微风化泥岩岩芯长度 2.26m	I 类
	D2	1	芯样胶结好,桩与承台连接处正常,骨料分布较均匀,混凝土芯样光滑完整呈长柱状,仅见少量气孔,芯样全长 25.3m,其中底部微风化泥岩岩芯长度 2.46m	II 类
E29 北行	B1	1	芯样全长 34.1m,其中桩底岩层长 2.51m,桩底存在 1cm 沉渣,桩身混凝土芯样胶结较好,骨料分布较为均匀,在 19.12m~21m 处轻微蜂窝、沟槽,混凝土芯样表面光滑,芯样完整呈长柱状、断口吻合	II 类
	B2	1	芯样全长 34.2m,其中岩芯长 1.75m,桩头与承台连接处正常,芯样在 6.51m~7.61m 处胶结差、接近无胶结,在 7.61m~8.51m 处胶结稍差、骨料分布不均,在 18.95m~19m 处轻微夹泥,其他位置混凝土胶结较好、骨料分布均匀,芯样呈长柱状	III 类
E29 南行	C1	1	芯样全长 30.35m,芯样在 80cm 处有长度 30cm 的离析、粗骨料较少,在 1.47m~5.85m 处芯样骨料分布不均,麻面、沟槽、局部轻微夹泥,混凝土颜色呈轻微土黄色;下部混凝土胶结较好、骨料分布均匀,岩芯呈长柱状	III 类
		2	选择 2 个位置进行钻孔,一个孔钻至 9.98m 遇到钢筋,另一个孔在前一个孔的基础上向桩心偏离 25cm 后钻至 24m 遇到钢筋,根据现场实际情况分析,该桩存在偏位现象且存在倾斜现象	
	D2	1	芯样胶结好,桩与承台连接处正常,骨料分布较均匀,混凝土芯样光滑完整呈长柱状,局部少量气孔,芯样全长 36.1m,其中底部中风化泥岩岩芯长度 2.68m	I 类

根据图 6.2-14 的芯样强度测试结果和分布情况可知,所选芯样的抗压强度较为离散,主要分布在 40MPa~60MPa 之间,个别芯样的抗压强度略小于 30MPa,其中,离析严重、基本无粗骨料的芯样的抗压强度仅约 10MPa,少量芯样的抗压强度大于 60MPa。以

上芯样均在饱水面干状态下进行测试,其结果一般较自然干燥状态下的强度略低,因此可以认为,所选基桩的混凝土强度基本满足设计要求。由于桥梁的使用时间较长,其芯样的实测强度相对同类型新建桥梁基桩的混凝土强度明显较高,这主要由混凝土充分水化所致。

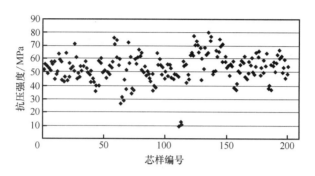

图 6.2-14 取芯验证的基桩每个芯样试件抗压强度测试结果分布图

图 6.2-15 为现场钻取的部分典型芯样照片。

(a) E29B1-1沟槽、蜂窝　　　　(b) E29B1-1沟槽、蜂窝

(c) E29B1-2桩底轻微沉渣　　　　(d) E29B1-2芯样6.98m处蜂窝

图 6.2-15 典型桩基芯样外观状态(一)

(e) E29B2-1芯样状态　　　　　(f) E29B2-1在约7m处芯样状态

(g) E29B2-2芯样状态　　　　　(h) E29B2-2在约7m~9m处芯样状态

(i) E29C1-1
上部芯样颜色泛黄、局部夹泥

(j) E29C1-1
上部芯样离析、颜色泛黄、局部夹泥

图 6.2-15　典型桩基芯样外观状态（二）

6.2.3.2　动刚度法结果

桩基动刚度法测试前，对承台表面进行清理，对测试位置打磨整平。检测流程见图 6.2-16～图 6.2-19。本次共对 10 个桥墩的 41 根桩进行动刚度测试，测试结果表明：

图 6.2-16 对承台表面进行清理

图 6.2-17 打磨测点

图 6.2-18 清理、打磨后的承台表面测点

图 6.2-19 动刚度冲击测试现场

（1）王字形的 3 个桥墩：18 根桩的桩长均在 21m 左右，入岩情况略有差别，桩身质量基本正常，动刚度数值也比较均匀，在 4.511×10^9N/m～6.185×10^9N/m 之间，平均值为 5×10^9N/m。

（2）单桩单柱的桥墩：46 号墩 4 根桩的动刚度在 5.165×10^9N/m～7.245×10^9N/m 之间，E2 墩除 E 桩动刚度较小外（5.159×10^9N/m），其他两根桩的动刚度均为 8.5×10^9N/m。

（3）工字形的桥墩：由于 A14 墩的基桩为钢管桩，墩下 8 根桩的动刚度值均较小，在 1.790×10^9N/m～2.353×10^9N/m 之间；E29 北行桥墩工字形承台下部 4 根桩的动刚度值在 4.912×10^9N/m～5.4×10^9N/m 之间。

（4）E29 南行 L 形承台：C1 桩动刚度为 3.533×10^9N/m，D2 桩动刚度为 5.051×10^9N/m。

结合桩长钻芯结果和承载力验算结果，对动刚度测试结果进行分析，如表 6.2-3 所示。

动刚度与承载力验算结果、桩长对比表　　　　　表 6.2-3

基桩编号	基础类型	基桩类型	桩长（m）	动刚度（$\times10^9$N/m）	计算承载力（kN）	荷载效应$\sum P$（kN）
L39C1	王字形	嵌岩桩	22.70	4.558	9004	4656
L40C1		嵌岩桩	22.43	5.630	12570	4635
L40A1		嵌岩桩	22.40	4.993	12524	4642

续表

基桩编号	基础类型	基桩类型	桩长(m)	动刚度($\times 10^9$N/m)	计算承载力(kN)	荷载效应$\sum P$(kN)
E2A	单桩单柱	嵌岩桩	39.33	9.472	9524	8182
E2E		摩擦桩	37.90	5.159	6975	8182
E29A1	工字形	摩擦桩	30.74	5.230	4031	4665
E29C1	L形	摩擦桩	28.85	3.533	3045	4635
46A	单桩单柱	摩擦桩	26.40	5.165	6863	3870
46C		摩擦桩	26.23	6.650	6810	3870

（1）王字形承台

根据本次 18 根桩的检测经验，对于该地区基础结构形式相同（王字形承台）、地质条件基本相同、设计桩长在 21m 左右（19m～23m）的基桩，其动刚度在 4.5×10^9N/m 以上时，可认为桩的整体承载力满足设计荷载（4642kN）要求。考虑到各桩的计算承载力均有一定富余，适当将动刚度限值下浮，认为当桩基动刚度大于 4.0×10^9N/m 时，其承载力可满足设计要求。

（2）工字形、L 形承台

根据本次检测经验认为，对于该地区结构类型相同、地质条件相同、设计桩长在 30m 左右（27m～33m）的基桩，其动刚度大于 5.4×10^9N/m 时，承载力可满足设计要求。

（3）单桩单柱（46 号墩）

根据本次检测经验认为，对于该地区结构类型相同、地质条件相同、设计桩长在 26m 左右（26m～29m）的基桩，其动刚度大于 5×10^9N/m 时，承载力可满足设计要求。

（4）单桩单柱（E2 号墩）

根据本次检测经验认为，对于该地区结构类型相同、地质条件相同的桩基，其动刚度大于 8.175×10^9N/m 时，承载力可满足设计荷载要求。考虑到各桩的计算承载力均有一定富余，适当将动刚度限值下浮，认为当桩基动刚度大于 7.5×10^9N/m 时，其承载力可满足设计要求。

不考虑设计荷载因素，仅从计算承载力与动刚度的关系来看，本次测试的 39 根桩的动刚度与承载力之间存在一定递增关系，即当桩基结构类型相同时，桩长大、入岩情况好、计算承载力高的桩基的动刚度测试值也明显较大，为桥梁基桩整体性能的大范围评价提供了保证。由于桩长、桩径、入岩深度、桩顶荷载、桩身缺陷等因素均会对桩基动刚度和承载力产生影响，对于地质条件接近、结构特点相同、桩长相近的基桩，采用动刚度法对基桩的工作性能进行横向对比分析是比较可靠的，这在上述基桩动刚度与承载力的对比分析中得到了验证。同时，动刚度法的现场操作简便，检测成本明显降低。

6.2.3.3 承载能力验算

参照设计单位的建议，确定承载力验算的计算原则如下：

(1) 桩身质量

1) 桩身基本完整：不对承载力进行折减。

2) 一般缺陷：认为不影响桩基的承载性能，不对承载力进行折减，清底系数 m_0 取旧规范的高值 0.7。

3) 桩头缺陷：验算时不对承载力进行折减，但需要进行加固处理。

4) 桩底质量差：按缺陷严重程度对承载力进行 10%～30% 的折减，清底系数 m_0 取旧规范的中间值 0.5。

(2) 入岩情况

1) 微风化岩层：按端承桩进行验算。

2) 中风化岩层：按摩擦桩和端承桩分别进行验算。

3) 强、全风化岩层及其他土层：按摩擦桩进行验算。

根据《公路桥涵地基与基础设计规范》JTG 3363—2019，钻孔灌注摩擦桩的承载力容许值按式（6.1-5）计算，端承桩的承载力容许值按式（6.1-6）计算。

根据钻孔低应变法和钻芯法的测试结果，明确基桩的实际长度，结合地质资料对各桥墩基础进行承载能力验算，如表 6.2-4 所示。分析可知，E29 南行墩 C1 基桩的动刚度明显偏低，基桩验算承载力不足，建议对桥墩进行加固；E29 北行墩基桩桩长与竣工桩长差距较大，计算承载力不满足设计要求，建议对桥墩进行加固；E2 北行 E 桩计算承载力不满足设计要求，建议对桥墩进行加固。

部分基桩承载力验算结果汇总　　　　表 6.2-4

桩号	桩径(m)	设计院计算结果					
		嵌岩类别	嵌岩深度(m)	计算模式	$\sum P$ (kN)	$[P]$ (kN)	是否满足
L39C1	1.35	微风化岩层	4.28	嵌岩桩	4656	46081	是
E2B	1.50	微风化岩层	—	嵌岩桩	8182	8449	是
E2E	1.50	微风化岩层	—	嵌岩桩	8182	8449	是
E29A1	1.35	未见报告	未见报告	嵌岩桩	4665	18932	是
E29A2	1.35	未见报告	未见报告	嵌岩桩	4665	18932	是
E29B1	1.35	未见报告	未见报告	嵌岩桩	4665	18932	是
E29B2	1.35	未见报告	未见报告	嵌岩桩	4665	18932	是
E29C1	1.35	未见报告	未见报告	嵌岩桩	4631	13843	是
E29D2	1.35	未见报告	未见报告	嵌岩桩	4631	13843	是
D8 高架 46 号墩 A	1.50	未见报告	未见报告	摩擦桩	3870	6646	是
D8 高架 46 号墩 D	1.50	未见报告	未见报告	摩擦桩	3870	6646	是

续表

桩号	桩径(m)	本书方法计算结果					
		嵌岩类别	嵌岩深度(m)	计算模式	$\sum P$ (kN)	$[P]$ (kN)	是否满足
L39C1	1.35	微风化泥岩	0.90	嵌岩桩	4656	9004	是
E2B	1.50	中风化泥岩	3.80	嵌岩桩	8182	9589	是
E2E	1.50	中风化泥岩	3.00	摩擦桩	8182	6975	否
E29A1	1.35	强风化泥岩	0.24	摩擦桩	4665	4031	否
E29A2	1.35	中风化泥岩	1.91	摩擦桩	4665	4833	是
E29B1	1.35	中粗砂	—	摩擦桩	4665	3451	否
E29B2	1.35	中风化泥岩	0.65	摩擦桩	4665	4322	否
E29C1	1.35	中粗砂	—	摩擦桩	4631	3045	否
E29D2	1.35	中风化泥岩	1.42	摩擦桩	4631	4357	否
D8 高架46 号墩 A	1.50	强风化砂砾岩	11.60	摩擦桩	3870	6863	是
D8 高架46 号墩 D	1.50	中风化砂砾岩	2.10	摩擦桩	3870	7974	是

6.2.3.4 动静对比系数分析

基桩的动刚度 K_d 与计算承载力 Q 之间的关系如式（6.2-1）所示：

$$Q = \frac{K_d \cdot 0.004}{\eta} \tag{6.2-1}$$

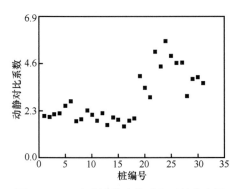

图 6.2-20 试验桩基动静对比系数分布图

可以看出，桩的动静对比系数 η 对基桩承载力 Q 的影响极大。为更好地检测和评估桩基的承载能力，结合桥墩桩基动刚度法检测结果和单桩承载力计算结果，根据式（6.2-1）分别计算各类桩基的动静对比系数 η，并对动静对比系数进行拟合分析，如图 6.2-20 所示。由图可知，1 号～20 号桩基均为嵌岩桩，桩长均在 20m 以上，其动静对比系数变化不大，主要在 2.3 附近波动。对于编号 20 以后的摩擦桩，桩长均在 25m 以上，动静对比系数的离散性相对较大，主要在 4.66 上下波动变化。由式（6.2-1）可知，动静对比系数取值偏大时，估算的桩基承载力较小，结果偏于安全；动静对比系数取值偏小时，估算的桩基承载力较大，评估结果可能存在偏差，不能完全反映桩基真实的承载特性。

综上分析可知，对本区域嵌岩桩进行桩基承载力评估时，动静对比系数可取 2.3。对于桩长 20m 以下的嵌岩桩，进行桩基承载力评估时可进行相应的试验分析，并参考桩长

20m以上嵌岩桩的数据结果。对本区域摩擦桩进行桩基承载力评估时,动静对比系数可取4.66。需要强调的是,在实际检测中,尚需根据桥墩桩基的桩身质量对动静对比系数取值进行动态调整。

6.2.3.5 结果评价与建议

10个桥墩的评价与处理建议如下:

(1) 王字形承台:L39南行、L40南行、L40北行共3个桥墩、18根基桩,竣工桩长为20.5m~22.33m,检测桩长为21.5m~23.28m,桩身质量基本正常,竣工桩长与检测桩长基本一致;桩基动刚度值均在5×10^9N/m左右;根据承载力计算结果,该批桩基的承载力均满足设计要求。以上3个桥墩不需要进行加固处理,建议后期加强沉降监测。

(2) E29北行墩工字形承台:共4根基桩,竣工桩长为35.75m~36.78m,检测桩长为30.0m~32.3m,检测桩长与竣工桩长最大相差6.45m;B2桩5m~7m处严重离析,桩身完整性评定为Ⅲ类桩;4根桩的动刚度值在4.912×10^9N/m~5.4×10^9N/m之间(A2桩最大);根据取芯结果,B1桩存在桩底沉渣、入岩深度浅、桩身底部局部蜂窝、离析,B2桩桩身中部局部严重离析;A1、B1、B2桩的计算承载力不满足设计要求。为保证安全,建议对该桥墩进行加固处理。

(3) E29南行墩L形承台:结构形式与竣工资料不符,竣工桩长为38.8m~38.9m,检测桩长为28.85m~32m,检测桩长与竣工桩长最大相差9.95m;C1桩桩顶局部夹泥、离析,桩身存在明显倾斜,根据取芯结果,评定为Ⅲ类桩;C1桩的动刚度为3.533×10^9N/m,明显偏低,D2桩的动刚度为5.051×10^9N/m;两根桩的计算承载力不满足设计要求。为保证安全,建议对该桥墩进行加固处理。

(4) E2北行墩三柱式墩、单桩单柱:A、B、E三根桩的竣工桩长为39.69m~39.96m,钻孔低应变法推算桩长为37.9m~39.33m,E桩稍短;A、B、E三根桩的动刚度值分别为9.472×10^9N/m、8.175×10^9N/m、5.159×10^9N/m,E桩的动刚度值偏低;E桩桩身存在缺陷、计算承载力不满足设计要求。为保证安全,建议对该桥墩进行加固处理。

(5) 双柱式墩、单桩单柱:竣工桩长为27.68m~28.88m,钻孔低应变法推算桩长为27.73m~30.3m,竣工桩长与检测桩长基本一致;除A桩的动刚度测试结果稍小外,其余各桩的动刚度值较为均匀;该批桩的计算承载力结果均满足设计要求。以上2个桥墩不需要进行加固处理,建议后期加强沉降监测。

表6.2-5给出了处理建议为加固的桥墩桩基。

综合6.2.3节初步试验结果,可以得到以下结论:

(1) 动刚度是与结构承载力直接关联的物理量,相同类型桩基的动刚度大小直接反映了桩基承载力的高低。基桩的动刚度大小主要与桩长、入岩深度、桩径、桩顶荷载等物理量相关。因此,地质条件相近、结构类型相同的桩基之间的动刚度测试结果具有较高的可对比性。采用动刚度法进行基桩承载力状况的对比分析,现场操作方便、可靠,检测费用相对较低,易于大范围使用。

(2) 采用钻芯法结合承载力验算结果对动刚度测试方法进行验证,发现在桩身质量相近的情况下,同类型基桩的动刚度也比较接近,且动刚度测试结果与承载力分析结果具有很好的对应关系,表明动刚度测试结果可靠。按照建议的动静对比系数,结合实测桩身完

表 6.2-5 各种检测方法结果对比

桥墩编号	基础类型	基桩编号	测试动刚度 (N/m)	竣工桩长 (m)	低应变法推算桩长 (m)	低应变法测试桩身完整性	钻芯验证情况	基桩类型	承载力验算 承载力计算值 (kN)	承载力验算 荷载 $\sum P$ (kN)	承载能力是否满足设计要求	处理建议
E2北行	三柱式墩、单桩单柱	A	9.472×10^9	39.96	39.33	28.9m缺陷信号（Ⅱ类）	—	嵌岩桩	9524	8182	是	
E2北行	三柱式墩、单桩单柱	E	5.159×10^9	39.88	37.9	6.2m,33.3m轻微缺陷（Ⅱ类）	—	摩擦桩	6975	8182	否	桥墩加固
E29北行	双柱墩、工字形承台	A1	5.230×10^9	36.45	30.0	14.7m轻微缺陷信号（Ⅱ类）	—	摩擦桩	4031	4665	否	桥墩加固
E29北行	双柱墩、工字形承台	C1	3.533×10^9	38.8	29.6	桩头信号较差，约4.5m附近轻微缺陷信号（Ⅱ类）	取芯桩长28.85m,桩顶4.3m范围内芯样存在夹泥、局部离析现象（Ⅲ类）	摩擦桩	3045	4635	否	桥墩加固
E29南行	双柱墩、L形承台	D2	5.051×10^9	38.9	32.0	桩身基本完整（Ⅰ类）	取芯桩长31.62m（Ⅰ类）		4357	4635	否	桥墩加固

整性结果，可对基桩承载能力状况进行评估。根据实测承载力结果对动静对比系数取值的合理性进行验证，可为其他类似工程的评估提供参考。

（3）钻芯法是对桩基质量、桩长进行判断的最直接的检测手段，但存在一定风险，且检测费用较高，同时，钻芯法对桩身质量的判断存在局限性，仅能反映取芯位置的情况。钻芯法可作为其他无损检测方法的验证手段，采用芯样进行抗压强度试验也可验证桩基混凝土强度是否满足设计要求。

综上所述，采用以动刚度法为普查方法，钻孔低应变法、钻芯法和承载力验算法等为详查方法的综合检测技术，能够对既有桥梁桩基的承载性能进行科学、全面的评估。各种检测方法对桩基病害判断的适用性汇总于表 6.2-6。

各种检测方法对桩基病害判断的适用性一览表　　　　表 6.2-6

测试方法\病害类型	桩与承台连接不良	桩身质量不良	桩长偏短	桩底沉渣过厚	桩基承载力不足
动刚度法	√	√（对影响桩身承载力的重大缺陷尤其有效）	√（桩长偏差较大、桩端持力层变化较大时反映明显）	√	√（地质条件相近、基桩类型相同时，动刚度与承载力有明显的对应关系，可根据动静对比系数评估承载力）
钻孔低应变法	√	√	√（桩长超过30m时，桩底反射信号稍差，桩长的判断误差稍大，可达1m～2m）	不适用	√（可根据推算桩长结合承载力验算法确定桩基承载力）
钻芯法	√	√（对缺陷面积的反映不准确）	√	√	√（可根据实测桩长结合承载力验算法确定桩基承载力）
承载力验算法	不适用	不适用	不适用	不适用	√（可结合地质资料和桩长测试结果确定桩基承载力）

6.2.4 桥桩大规模检测

采用6.2.3节提出的既有桥梁桩基综合评估技术对该工程421个桥墩基础的病害和安全状况进行检测和评估。本次检测工作分多个阶段实施，基本思路如图6.2-21所示。第一阶段：使用动刚度法对所有基桩进行普查，按检测动刚度值的大小进行排序。第二阶段：进行基桩承载力与动刚度值的相关性分析。第三阶段：将基桩承载力推算结果与基桩设计荷载进行比较，判断基桩承载性能是否满足设计要求。第四阶段：采用钻孔低应变法、钻芯法和补充地质钻探等方法对动刚度检测情况进行验证。第五阶段：对桥桩承载性能检测结果进行综合分析，确定建议加固的桥墩桩基。

（1）动刚度测试（普查方法）

本次检测的421个桥墩基础中，包括212个双柱式墩-单桩单柱基础、122个双柱式墩-工字形承台、49个三柱式墩-王字形承台、21个三柱式墩-单桩单柱基础、16个双柱式墩-方形承台和1个双柱式墩-T形承台。动刚度法测试设备及测试流程详见2.3.3节，基桩动刚度法现场测试过程见图6.2-22～图6.2-25。

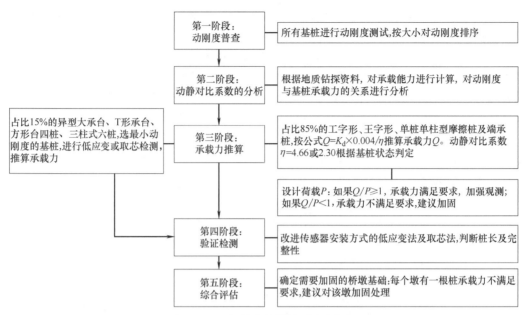

图 6.2-21 桥桩大规模检测流程框图

图 6.2-22 承台表面清理

图 6.2-23 测点打磨处理

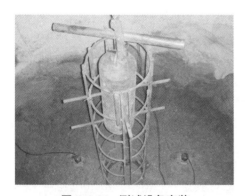

图 6.2-24 测试设备安装

图 6.2-25 动刚度法测试

(2) 钻芯法（辅助方法）

对于具备钻芯检测条件的基桩，选取少量代表性基桩进行取芯验证，其目的包括直观了解基桩状态、辅助分析基桩动刚度与承载力的相关关系、检测桩长、复核基桩承载力以及验证动静对比系数的可靠性。现场共完成80根基桩的钻芯检测工作，现场照片如图6.2-26所示。

（3）承载力验算法（辅助方法）

钻孔灌注摩擦桩和端承桩的承载力容许值分别按相应公式计算。参考工程检测资料可知，本区域地质情况复杂，为配合承载力验算，共补钻48个钻孔。

图6.2-26 取芯现场

（4）综合评定

对于采用动刚度法推算出承载力不满足设计要求、需要直接加固的，以及部分采用钻芯法评定承载力不满足要求的基桩，若单个桥墩存在1个及以上基桩承载力不满足设计要求的情况，则判定该桥墩需要加固。

6.2.5 测试结果分析

（1）地质勘探结果

本地区基桩桩底岩层主要包括第三系含砾砂岩（强风化含砾砂岩、中风化含砾砂岩、微风化含砾砂岩）、第三系泥岩（强风化泥岩、中风化泥岩、微风化泥岩）和燕山期花岗岩（全风化花岗岩、强风化花岗岩、中风化花岗岩、微风化花岗岩）。本次地质勘探获得的场地岩土体力学参数建议值和钻孔灌注桩桩基设计参数建议值见表6.2-7和表6.2-8。地质勘探典型照片见图6.2-27。

场地岩土体力学参数建议值　　　　　表6.2-7

地层岩性			状态	地基承载力基本容许值 $[f_{a0}]$(kPa)	压缩模量 E_s(MPa)	粘聚力 c(kPa)	内摩擦角 φ(°)
成因时代	层号	岩土层名称					
Q^{ml}	1	素填土	松散	70	—	—	—
Q^{mc}	2-1	淤泥	流塑	40	1	8	1
	2-2	中砂	松散	130	—	0	15
	2-3	淤泥	流～软塑	50	2.0	10	2
	2-4	黏土	可塑	140	5	28	13
	2-5	中砂	中密～密实	380	6	0	23
	2-6	粗砂	中密	400	7	0	28
	2-7	圆砾	密实	600	12	0	35
Q^{al+pl}	3-2	细砂	中密～密实	220	5	0	20
	3-3	粗砂	密实	500	10	0	30
Q^{el}	4	黏土	可塑	190	6.5	23	20
N	5-1	泥岩	强风化	450	13	35	25
	5-2	泥岩	中风化	800	—	—	—

续表

地层岩性			状态	地基承载力基本容许值 $[f_{a0}]$(kPa)	压缩模量 E_s(MPa)	粘聚力 c(kPa)	内摩擦角 φ(°)
成因时代	层号	岩土层名称					
N	5-3	泥岩	微风化	1000	—	—	—
	6-1	含砾砂岩	强风化	450	14	40	28
	6-2	含砾砂岩	中风化	850	—	—	—
	6-3	含砾砂岩	微风化	1200	—	—	—
r_5	7-1	花岗岩	全风化	300	10	30	20
	7-2	花岗岩	强风化	550	15	45	35
	7-3	花岗岩	中风化	1500	—	—	—
	7-4	花岗岩	微风化	4000	—	—	—

钻孔灌注桩桩基设计参数建议值　　表 6.2-8

地层岩性			状态	桩周土摩阻力标准值 q_{ik}(kPa)	岩石单轴抗压强度 R_a(MPa)
成因时代	层号	岩土层名称			
Q^{ml}	1	素填土	松散	—	—
Q^{mc}	2-1	淤泥	流塑	5	—
	2-2	中砂	松散	35	—
	2-3	淤泥	流~软塑	8	—
	2-4	黏土	可塑	50	—
	2-5	中砂	中密~密实	55	—
	2-6	粗砂	中密	60	—
	2-7	圆砾	密实	85	—
Q^{al+pl}	3-2	细砂	中密~密实	35	—
	3-3	粗砂	密实	65	—
N	5-1	泥岩	强风化	90	—
	5-2	泥岩	中风化	—	8
	5-3	泥岩	微风化	—	12
	6-1	含砾砂岩	强风化	105	—
	6-2	含砾砂岩	中风化	—	9
	6-3	含砾砂岩	微风化	—	11.5
r_5	7-1	花岗岩	全风化	85	—
	7-2	花岗岩	强风化	120	—
	7-3	花岗岩	中风化	—	15
	7-4	花岗岩	微风化	—	10

注：参照《公路桥涵地基与基础设计规范》JTG 3363—2019 的相关规定。

(a) 37号墩地质勘探孔芯样

(b) 1-A5墩地质勘探孔芯样

(c) L10墩地质勘探孔芯样

(d) 13-N87墩地质勘探孔芯样

图 6.2-27　地质勘探典型芯样照片

（2）动刚度测试

按式（6.2-1）推算桩基容许承载力，对于本工程区域，桩长小于 20m 的嵌岩桩、桩身存在明显缺陷信号的桩长大于 20m 的嵌岩桩、摩擦桩的动静对比系数 η 取 4.66，桩长超过 20m 的嵌岩桩的 η 值取 2.30。

将推算的桩基承载力 Q 与设计荷载 P 进行比较，若 $Q/P \geqslant 1$，承载力满足要求，建议加强观测；若 $Q/P < 1$，承载力不满足要求，建议加固处理。各类型桥墩的加固建议见表 6.2-9，421 个桥墩中有 240 个建议进行加固处理，占全部墩数的 57%，检测的 1337 根基桩中，判断为承载力不满足设计要求的基桩有 674 根，占全部基桩数的 50.4%。

各类型桥墩桩基的检测结果表　　　　表 6.2-9

桥墩类型	总墩数	建议加固墩数（所占比例）
双柱式墩-单桩单柱	212	104(49.1%)
三柱式墩-王字形承台	49	37(75.5%)
双柱式墩-工字形承台	122	66(54.1%)
三柱式墩-单桩单柱	21	17(81%)
双柱式墩-方形承台	16	15(94%)
双柱式墩-T形承台	1	1(100%)
合计	421	240(57%)

（3）基桩承载力计算结果

为消除桩身缺陷、桩长误差和基岩特性对基桩承载力计算结果的影响，根据低应变法曲线图结合补充地质勘探结果，对典型基桩进行承载力计算，建立基桩动刚度与计算承载力的相关关系（图 6.2-28），复核前期 10 个试验墩确定的动静对比系数取值的合理性。

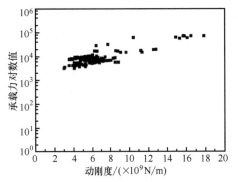

图 6.2-28 基桩动刚度与计算承载力关系

根据 593 根基桩的低应变法测试结果，选择 94 根桩身完整性较好、桩底反射明显的基桩（60 根摩擦桩、34 根嵌岩桩）进行承载力计算并复合动静对比系数取值；后检测的 730 根基桩中，选取 94 根典型基桩（37 根摩擦桩、57 根嵌岩桩）进行承载力计算和动静对比系数复核。计算结果见表 6.2-10 和表 6.2-11。从计算结果看，这些典型基桩按计算承载力的评定结论与按动刚度法推算承载力的评定结论基本一致。

典型嵌岩桩承载力计算结果统计表   表 6.2-10

桥名	墩号	方向	桩号	桩柱类型	桩径(m)	设计桩长(m)	嵌岩桩承载力(kN)	动刚度($\times 10^9$N/m)	动静对比系数
桥梁A	78	南行	C	单桩单柱	1.5	26.18	11477	6	2.09
	93	北行	B	单桩单柱	1.5	28.75	16955	6.21	1.47
	135	南行	C	单桩单柱	1.5	14.66	19564	12.8	2.62
桥梁B	C1	北行	A1	3柱6桩	1.5	23.95	9088	6.37	2.80
		南行	C2	3柱6桩	1.5	23.67	8834	6.43	2.91
	C6	北行	A1	工字形	1.2	25.08	6461	4.710	2.92
	D16	北行	A2	王字形	1.2	28.95	9902	5.200	2.10
	D17	北行	B1	王字形	1.2	29.15	9413	4.330	1.84
	D26	北行	A1	工字形	1.2	29.66	8631	5.119	2.37
			A2	工字形	1.2	29.68	8653	4.643	2.15
	D30	北行	A	单桩单柱	1.5	27.30	7444	3.571	1.92
	D31	南行	D	单桩单柱	1.5	28.50	8503	5.289	2.49
桥梁C	A4	北行	A1	工字形	1.35	7.32	6928	8.040	4.64
	A8	北行	B2	工字形	1.35	17.44	9725	7.410	3.05
后检测典型数据									
桥梁D	E17	北行	A	单桩单柱	1.5	36.62	10327	6.470	2.51
桥梁E	K27	北行	A1	工字形	1.35	27.29	7596	3.869	2.04
		南行	C1	工字形	1.35	27.97	8149	4.047	1.99

续表

桥名	墩号	方向	桩号	桩柱类型	桩径(m)	设计桩长(m)	嵌岩桩承载力(kN)	动刚度($\times 10^9$N/m)	动静对比系数
桥梁 F	K58	北行	A1	工字形	1.35	21.46	8516	6.987	3.28
		南行	C1	工字形	1.35	20.01	7336	4.993	2.72
			D2	工字形	1.35	24.97	8618	4.173	1.94
	K46	北行	A	单桩单柱	1.5	25.52	10525	5.709	2.17
	K75	北行	A1	工字形	1.35	25.19	7918	4.907	2.48
桥梁 G	L13	南行	C1	王字形	1.35	21.10	8155	5.903	2.90
			F1	王字形	1.35	20.73	7854	4.686	2.39
		北行	E1	王字形	1.35	21.73	8668	5.151	2.38
			B2	王字形	1.35	21.87	8782	5.818	2.65
桥梁 H	N3	北行	A1	工字形	1.35	23.91	9148	4.414	1.93
			B1	工字形	1.35	23.79	9051	4.190	1.85
			B2	工字形	1.35	6.3	70212	15.793	0.90
		南行	C1	工字形	1.35	5.31	63497	14.895	0.94
			D2	工字形	1.35	4.27	56444	15.315	1.09

典型摩擦桩承载力计算结果统计表　　表 6.2-11

桥名	墩号	方向	桩号	桩柱类型	桩径(m)	设计桩长(m)	承受荷载(kN)	摩擦桩承载力(kN)	动刚度($\times 10^9$N/m)	动静对比系数
桥梁 A	42	南行	D	单桩单柱	1.5	30.98	4307	7382	6.199	3.36
	44	北行	A	单桩单柱	1.5	30.08	4286	7121	6.2	3.48
	48	南行	C	单桩单柱	1.5	27.18	4254	6478	5.388	3.33
	52	北行	A	单桩单柱	1.5	28.28	4245	6805	7.793	4.58
	74	南行	D	单桩单柱	1.5	27.08	4252	7036	6.83	3.88
	90	北行	B	单桩单柱	1.5	22.08	4168	5703	6.11	4.29
	92	南行	D	单桩单柱	1.5	29.47	4525	8466	8.3	3.92
	A9	北行	B	单桩单柱	1.5	22.55	8030	5720	8.52	5.96
桥梁 B	C2	南行	D1	工字形	1.2	24.58	4667	3576	3.060	3.42
	C5	北行	B1	工字形	1.2	25.58	4663	3728	4.098	4.40
	D25	南行	C2	工字形	1.2	28.77	4730	3105	4.045	5.21
	D42	北行	B	3柱3桩	1.5	37.23	8200	5896	6.5	4.41
	E25	南行	C2	方形	1.35	31.68	4742	4728	4.812	4.07
	K23	北行	B2	工字形	1.35	25.10	4672	4148	3.960	3.82
		南行	F	三柱式墩	1.5	20.59	8091	5002	4.305	3.44
		南行	D	单桩单柱	1.5	21.29	8100	4448	4.324	3.89

（4）动静对比系数分析

根据表 6.2-10 和表 6.2-11 的典型基桩承载力计算结果，结合动刚度测试结果，推算基桩的动静对比系数。选取 94 根代表性基桩进行动静对比系数复核，样本数量为 188 个，其中摩擦桩 97 根、嵌岩桩 91 根，得到图 6.2-29。

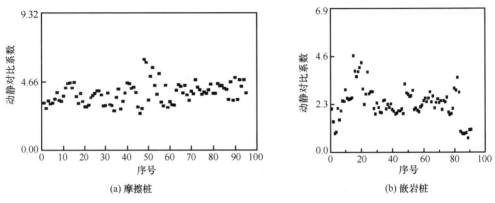

图 6.2-29　完整桩的动静对比系数分布图

由图 6.2-29 可知，对于摩擦桩，绝大部分基桩的动静对比系数小于 4.66，对于基桩承载力推算来说是偏于安全的；对于嵌岩桩，91 根基桩中桩长与 10 个试验墩相当的基桩（桩长为 26m～30m）的动静对比系数大多小于 2.30，但对于短桩（桩长＜26m）来说，其动静对比系数分布在 2.30～4.66 之间。总体来看，按照建议的动静对比系数取值进行计算能满足实际基桩承载力的评估要求。

（5）钻芯验证情况

为验证既有桩基综合评估方法的有效性和准确性，选取 80 根基桩进行钻芯验证，基桩选取原则如下：

1）包括嵌岩桩和摩擦桩两种类型。

2）包括 $Q/P \gg 1$、$Q/P \approx 1$、$Q/P \ll 1$ 三种情况，其中 $Q/P > 1.15$ 的选取 20 根，$Q/P < 0.85$ 的选取 36 根，$0.85 \leqslant Q/P \leqslant 1.15$ 的选取 24 根。

结合钻芯结果和动刚度法判别结果对 80 根基桩的完整性进行分析，具体结果说明如下：

1）$Q/P < 0.85$ 的 36 根基桩（表 6.2-12）

基桩钻芯检测结果　　　　　　　　　　　　　表 6.2-12

序号	缺陷程度	基桩编号	总数量
1	桩身混凝土松散、严重离析、蜂窝沟槽连续、夹泥	C6-A2、C6-B2、C8-A2、D1-B1、D1-C1、D2-B2、D3-D1、D8-A1、D7-F1、D8-F2、D11-E2、D16-A1、D16-E2、D21-B2、D22-B1、D22-C2、D22-D2、E11-D1　D22-C2、E22-A1、E26-A1、E26-B1、L30-B1、J20-D1、L42-C2、N1-B2、N1-C2	25
2	桩身存在中度离析、蜂窝沟槽或桩长短于设计长度1m以上	D2-B1（短 2.4m）、D7-F2（短 1.86m）、E15-B1、I12-D1、L30-B2（短 1.17m）、L30-D1（短 1.94m）、D22-D2（短 1.55m）、E11-A1	8

续表

序号	缺陷程度	基桩编号	总数量
3	桩头连接不良、桩身轻度离析、麻面	D7-D1、D8-C1、N1-A2	3

典型芯样图

D2-B2

D22-B1

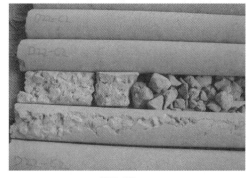

D22-C2

J20-D1

36根基桩中,存在混凝土松散、严重离析、蜂窝沟槽连续、夹泥现象的基桩有25根,占69.4%,这些桩均判定为Ⅲ类～Ⅳ类桩。桩长较设计长度短1m以上、桩身存在中度离析或蜂窝沟槽缺陷的基桩有8根,这些桩判定为Ⅲ类桩,占22.2%。存在桩头连接不良、局部轻度离析的基桩有3根,从芯样完整性方面判定为Ⅱ类～Ⅲ类桩。桩身状况总体较差,与动刚度法的评判结果基本一致。

2) $Q/P>1.15$ 的20根基桩(表6.2-13)

基桩钻芯检测结果　　　　　　　　　　　表6.2-13

序号	缺陷程度	基桩编号	总数量
1	桩身完整	A4-B1、A5-D2、E19-B1、E19-C2、I1-D2、K74-C2、L41-F1	7
2	桩身基本完整,存在轻微麻面、局部离析、桩底轻微沉渣	A8-B2、E11-C1、I1-A2、I5-C1、L37-C2、I1-C2	6
3	桩身存在轻微气孔、离析或桩长稍短于设计长度	D16-A2（短 0.77m）、I1-B1（短 0.57m）、I5-D1（短 0.41m）、K74-D2（短 0.3m）、L35-A1（短 0.37m）、L36-B2（短 1.19m）、L41-C2（短 0.22m）、N2-C1（短 0.65m）	7

续表

| 典型芯样图 |

| A4-B1 | E19-C2 |
| I1-A2 | L36-B2 |

20根基桩的承载力均满足设计要求,取芯结果显示这些基桩的桩身混凝土较完整、无明显缺陷、桩底岩层较完整。其中,13根基桩的桩身完整或基本完整、只存在轻微缺陷,占65%;7根基桩的桩身存在轻微气孔、麻面或桩长稍短于设计长度。桩身状况与动刚度法的评判结果对应较好。

3)$1.15>Q/P>1.0$ 的9根基桩(图6.2-30)

(a) I1-C1　　(b) I5-A2
(c) A5-D1　　(d) D21-A1

图6.2-30　典型芯样状态图

9 根基桩中，桩身基本完整，只存在局部离析、麻面、气孔的有 8 根，分别为 A5-D1、D21-A1、I5-A2、I5-B2、K74-A2、L33-A1、L33-D2、L42-D2；桩身完整、桩底轻微沉渣的有 1 根，为 I1-C1。9 根基桩的桩身取芯状况与动刚度法评判结果相吻合。

4）1.0＞Q/P＞0.85 的 15 根基桩（图 6.2-31）

(a) A5-C1

(b) A8-A1

图 6.2-31 典型芯样状态图

15 根基桩中，桩身存在严重缺陷（如混凝土松散、严重离析、夹泥夹砂、沟槽连续等）的基桩有 12 根，分别为 A5-C1、A8-A1、A8-D2、D8-A2、I12-A2、I12-B2、I13-A2、J20-A2、J20-B1、J20-D1、K83-C2、L33-E1，占 80%，判定为Ⅲ类～Ⅳ类桩，其推算承载力不满足设计要求，与动刚度法测试结果吻合；桩身局部离析、桩底沉渣较厚的基桩有 3 根，分别为 E15-A2、L42-E2、I12-C2，按照设计桩长和地质资料，这 3 根桩应判为嵌岩桩，但由于桩底沉渣较厚，桩身实际受力状态不符合嵌岩桩的受力特性，按摩擦桩计算其承载力不满足设计要求。桩身状态与动刚度法的判断结果相吻合。

总体来看，80 根基桩的钻芯验证结果与动刚度法评估承载力结果基本一致，表明既有桩基服役性能综合检测技术能有效评估既有桥梁桩基的承载性能。

（6）混凝土芯样抗压强度试验

选取 276 组共 752 个芯样进行抗压强度试验，试验结果见图 6.2-32、图 6.2-33 和表 6.2-14。由试验结果可知，共 27 个芯样的抗压强度小于 30MPa，这些芯样都取自桩头局部离析、桩身局部缺陷的位置，抗压强度试验结果和芯样外观对应的状态一致。其余芯

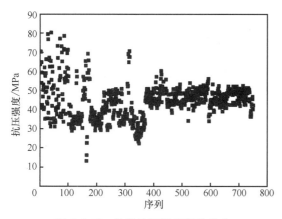

图 6.2-32 芯样抗压强度整体分布

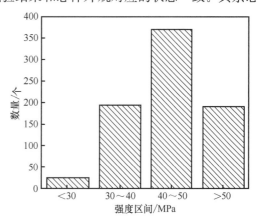

图 6.2-33 芯样抗压强度统计汇总

样的抗压强度均大于 30MPa，满足基桩混凝土的设计强度要求（C30）。

芯样抗压强度整体分布　　　　表 6.2-14

序列	强度分布区间(MPa)	芯样数量(个)
1	＜30	27
2	30～40	194
3	40～50	369
4	＞50	162

6.2.6 应用效果评价

本工程采用以动刚度法为普查方法，钻孔低应变法、钻芯法和承载力验算法等为详查方法的既有桥梁桩基础服役性能综合检测技术，工程实践验证了本技术的适用性、有效性、可靠性和经济性，为病害桥墩桩基础的加固处治设计提供了科学指导。

6.3 工程应用：市政互通立交桥梁桩基结构损伤检测

6.3.1 工程概况

某市政道路互通立交匝道桥上部结构采用现浇预应力混凝土箱梁，跨径以 30m 为基本跨，采用 3 跨或 4 跨一联，桥墩呈顶部外扩的实体"花瓶"形。在该桥上部第二联箱梁的混凝土浇筑期间，距离 A6 号桥墩（横向）约 3.4m 处进行地下排水泵站基坑开挖，最大开挖深度 12m；距离 A6 号桥墩（纵向）约 8.7m 处进行联络管道基坑开挖，基坑平面近似呈 Y 形，最大开挖深度 8m。立交匝道桥与一体化泵站及排水管道基坑的相对位置关系见图 6.3-1。

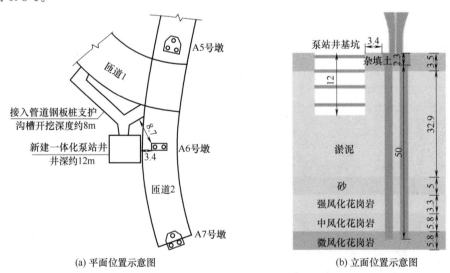

图 6.3-1　立交匝道桥与一体化泵站及排水管道基坑的相对位置关系（单位：m）

基坑开挖期间出现周围地表土体开裂、钢围檩与板桩焊接部位脱开、坑底淤泥返涌隆起等险情（图6.3-2）。

(a) 一体化泵站钢围檩焊缝拉裂

(b) A6~A7号墩之间地表贯通裂缝

图6.3-2　基坑支护结构和场地变形情况

基坑开挖结束后，对匝道桥上部第二联预应力混凝土箱梁结构进行专项检测，发现A6号墩顶部往小桩号方向偏斜约1°10′34″，桥墩底部和顶部往小桩号方向分别偏离设计位置55cm和65cm，桥梁专项检测现场见图6.3-3。

(a) A6号桥墩承台与回填土脱离

(b) A6-2支座纵向位移

图6.3-3　A6号桥墩结构位移情况

6.3.2　检测和评估方案

由于匝道桥A5、A6、A7号桥墩的水平位移量较大，需对受影响墩柱的下部桩基进行完整性评定。本工程中，钻芯检测法存在以下应用难点：（1）桩基长度约50m，直径为1.5m，桩顶水平位移超过50cm，钻芯孔易偏出桩外。（2）桩顶承台上部为花瓶墩，有效钻芯面积小，钻机高度受到较大限制（图6.3-4）。（3）桩身缺陷状况不明，如仅采用钻芯法检测，可能出现漏判和误判。因此，项目采用既有桥梁桩基综合检测和评估技术，按以下步骤对桥梁桩基进行完整性评定：

（1）对A5、A6、A7号墩柱桩基进行动刚度法普查，获得各嵌岩桩基的导纳曲线和动刚度值，分析同类型桩基在不同水平位移下的动刚度演变规律，初步评判桩身缺陷情况。

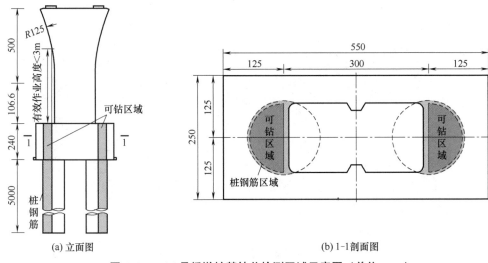

图 6.3-4 A6 号桥墩桩基钻芯检测区域示意图（单位：cm）

（2）根据动刚度测试结果，选取动刚度值偏低的 A6-1、A6-2 桩开展钻孔低应变法测试（钻孔编号：A6-1-1、A6-2-1；钻孔深度：3.10m、3.25m；钻孔位置见图 6.3-5），并通过钻孔检测桩顶与承台的连接状态。

（3）根据动刚度法和钻孔低应变法的检测结果，在 A6 号桥墩桩基附近的土层中钻探并设置 4 个测试孔，采用跨孔弹性波法和单孔地震波法对桩基完整性进行无损检测。

（4）结合桥桩偏斜位移情况，在靠近 A6-1、A6-2 桩原设计桩位中心处进行钻芯验证，直至钻孔穿过桩身到达桩端持力层（钻孔编号：A6-1-2、A6-2-2；钻孔深度：54.27m、54.54m；钻孔位置见图 6.3-5）。

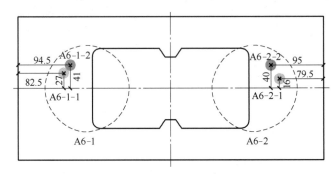

图 6.3-5 A6 号桥墩钻孔低应变法钻孔布置示意图（单位：cm）

（5）综合孔内摄像图像数据、承台-桩顶连接情况、桩身混凝土质量和桩端持力层情况，对桩基的完整性和承载性能作出评判。

6.3.3 结果分析与讨论

6.3.3.1 动刚度法结果

A5 号～A7 号桥墩桩基动刚度检测结果如表 6.3-1 所示，桩身频率-动刚度关系曲线如图 6.3-6 所示。由表可知，A5 号～A7 号桥墩下桩基桩长、地层条件基本一致，但 A6

号桥墩的水平侧移量约为 A5 号、A7 号桥墩的 10 倍，A6 号桥墩桩基的动刚度值相比 A5 号、A7 号墩桩降低约 35%。根据桩基动刚度大小与桩身缺陷程度的相关性，判断 A6 号桥墩桩基桩身结构可能存在明显缺陷。

第二联 A5 号～A7 号桥墩桩基动刚度检测结果　　　　表 6.3-1

桩号	桩长(m)	桩端持力层	桥墩水平位移(cm)	动刚度($\times 10^9$N/m)
A5-1	50	中～微风化花岗岩	4.5	8.29
A5-2				8.44
A5-3				8.53
A6-1	50	中～微风化花岗岩	55.0	5.99
A6-2				4.96
A7-1	50	中～微风化花岗岩	5.8	8.59
A7-2				8.37
A7-3				8.21

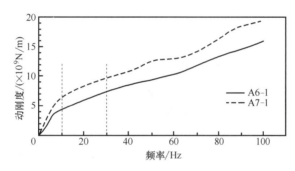

图 6.3-6　桩身频率-动刚度关系曲线

6.3.3.2　钻孔低应变法结果

A6-1 和 A6-2 桩的传感器分别位于承台以下 3.10m 和 3.25m 处，激振点位于承台顶面桩心投影位置处，两桩的首波时间差分别为 0.849s 和 0.886s。根据承台顶面到传感器的距离和首波时间差，推算桩身混凝土平均纵波波速约为 3660m/s。

两根桩的钻孔低应变法速度时程曲线见图 6.3-7。由于施工时在桩基顶部以下 1.8m 深度处采用了直径约 2m 的钢护筒，在该深度区域内，两根桩的速度时程曲线均出现了同相反射子波。此外，两条曲线在多处位置可见较明显的同相反射子波，而在相应深度范围内，桩周土体性质和桩径并无明显变化，因此判定 A6-1、A6-2 桩在上述区域可能存在缺陷。

6.3.3.3　跨孔弹性波法

跨孔弹性波法的发射孔与接收孔围绕桩基对称布置，孔间距为 3.2m。A6-1、A6-2 桩的跨孔弹性波 CT 测试图像如图 6.3-8 所示。A6-1 桩的 A 孔下管深度为 43m，B 孔下管深度为 38m，A6-2 桩的 A、B 孔下管深度均为 43m，均使用 A 孔发射、B 孔接收。受土层情况影响，弹性波波速从上到下总体呈增大趋势，其中 A6-1 桩 7m～15m 处左侧、20m～25m 处右侧、35m 处剖面中心区域波速偏低；A6-2 桩 2m～3m 处剖面整体、8m～

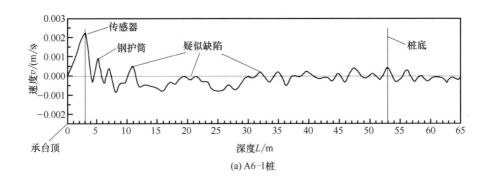

(a) A6-1桩

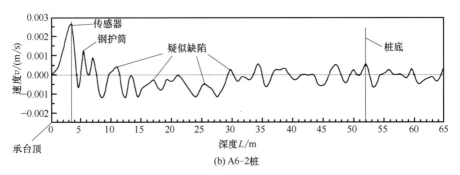

(b) A6-2桩

图 6.3-7　A6 号墩桩基孔内低应变法速度时程曲线

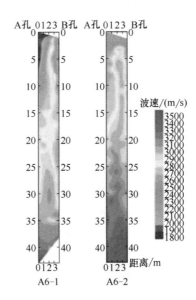

图 6.3-8　桩基跨孔弹性波 CT 测试剖面

18m 处左侧、30m～35m 处右侧波速偏低，判定上述区域可能存在明显缺陷。此外，两剖面图中表征桩体的高波速中心向右偏移，表明两桩皆存在向右倾斜位移。

现场同时采用单孔地震波法对桩基进行完整性检测，图 6.3-9 为单孔地震波法测试曲线。A6-1 桩桩顶与承台连接部位（深度约 2.2m）、11m～24m 位置处、34m～44m 位置处，A6-2 桩桩顶与承台连接部位（深度约 2.2m）、13m～25m 位置处、32m～37m 位置处可见地震波同相轴间断或初至波延时等现象,桩底与基岩接触部位初至波波幅显著降低。根据单孔地震波法波形曲线异常特征,判定上述区域存在显著缺陷,与跨孔弹性波法的检测结果基本一致。

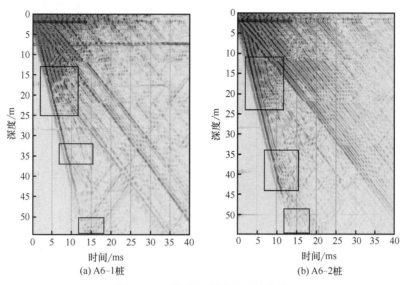

图 6.3-9　单孔地震波法测试曲线

6.3.3.4　钻芯-孔内摄像-管波法验证

为验证前述各类方法检测结果的准确性,采用钻芯法对 A6 号桥墩桩基进行验证性检测。该受检桩基上部墩柱为"花瓶墩",钻机塔架作业高度受限;墩柱外桩顶外露面积仅 1/3,需紧靠墩柱边缘钻孔;灌注桩桩长达 50m,且桩顶有 50cm 水平位移,钻芯孔垂直度需控制在 0.15%,采用传统钻芯设备难以满足要求。因此,本工程采用作者团队自主研发的既有桩基低净空便携式钻芯设备,成功解决 3.5m 净高、距墩柱边 30cm 钻芯和 50m 长桩钻穿持力层的技术难题,获得了完整的桩身混凝土和桩端岩层芯样。表 6.3-2 汇总了采用钻芯法和孔内摄像法揭示的桩身混凝土断裂情况。由表可知,A6 号桥墩桩基的结构损伤情况主要表现为桩-承台连接部位开裂及桩身混凝土开裂。

钻芯法与孔内摄像法联合检测结果　　　　表 6.3-2

检测部位	桩身混凝土断裂情况描述	
	A6-1 桩	A6-2 桩
桩-承台连接段(深度:0.0m~2.2m)	桩-承台连接部位局部开裂,最大宽度 0.7cm(深度:2.20m)	桩-承台连接部位开裂,最大宽度 3.0cm(深度:2.15m)
桩身段(深度:2.2m~52.2m)	桩身混凝土 16 处开裂(深度:12.85m、13.86m、15.45m、16.14m、16.87m、17.33m、17.75m、18.29m、18.64m、19.20m、20.46m、21.22m、22.37m、23.05m、23.74m、24.45m)	桩身混凝土 12 处开裂(深度:5.96m、11.42m、12.15m、13.35m、14.60m、14.90m、15.55m、16.00m、16.90m、17.80m、23.05m、24.25m)

以 A6-1 桩的混凝土芯样检测结果(图 6.3-10)为例,桩身裂缝集中分布在 12.9m~24.5m 范围内,下部桩身段未见混凝土断裂情况(A6-2 桩的断裂情况与之类似)。进一步

分析可知，桩身最上部的断裂位置接近基坑开挖底面，最下部的断裂位置接近2倍基坑开挖深度，该区域桩身完全处于深厚淤泥质软土地层中，桩身裂缝分布规律与软土基坑开挖引起被动受荷桩桩身最大弯矩分布规律总体一致。图6.3-11为两根桩部分位置的混凝土断裂情况图例。对比跨孔弹性波法的检测结果可知，桩基内部大片连续的环向贯通裂缝、

图6.3-10 A6-1桩钻芯检测结果

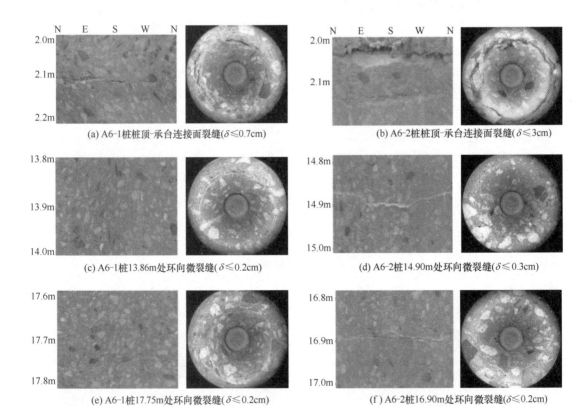

(a) A6-1桩桩顶-承台连接面裂缝（$\delta \leqslant 0.7$cm）

(b) A6-2桩桩顶-承台连接面裂缝（$\delta \leqslant 3$cm）

(c) A6-1桩13.86m处环向微裂缝（$\delta \leqslant 0.2$cm）

(d) A6-2桩14.90m处环向微裂缝（$\delta \leqslant 0.3$cm）

(e) A6-1桩17.75m处环向微裂缝（$\delta \leqslant 0.2$cm）

(f) A6-2桩16.90m处环向微裂缝（$\delta \leqslant 0.2$cm）

图6.3-11 桩身部分代表性病害图例（δ 表示裂缝宽度）

浇筑不密实等缺陷与跨孔弹性波 CT 测试速度剖面图中的波速偏低区域具有较明显的对应关系。跨孔弹性波法、单孔地震波法等无损检测方法对桩身缺陷位置的评判结果与钻芯法具有较好的一致性。单孔地震波法的现场操作、数据处理过程均比跨孔弹性波法更加简便，可对怀疑存在明显缺陷的桩基进行初步识别。跨孔弹性波法可对桩身完整性进行更为细致的诊断，明确缺陷的严重程度和分布范围。因此，在现场不具备钻芯条件的情况下，可采用单孔地震波法和跨孔弹性波法进行综合检测，以提高评判结果的准确性。

图 6.3-12 为 A6 号桥墩桩基的管波法检测结果。两根桩在桩顶-承台连接部位均可见直达波速度降低、波组向下弯曲、直达波能量下降等现象，表明桩顶-承台连接部位存在较大缺陷。A6-2 桩的波组反射现象比 A6-1 桩更清晰，能量下降更明显，这与两根桩桩顶-承台连接部位的缺陷严重程度一致（A6-1 桩裂缝宽 0.7cm，A6-2 桩裂缝宽 3.0cm）。现场检测钻芯发现，A6-2 桩在 20.0m、33.0m、37.7m 位置处存在混凝土浇筑不良的情况，这些位置均可见直达管波速度降低、能量下降和反射波组的现象。根据管波法判别准则，A6-2 桩桩身混凝土在 30.0m、41.4m 等位置处可能存在质量问题，但钻芯法并未发现缺陷，推测是该缺陷与桩身钻芯孔未连通所致。进一步分析发现，在桩身因水平变形产

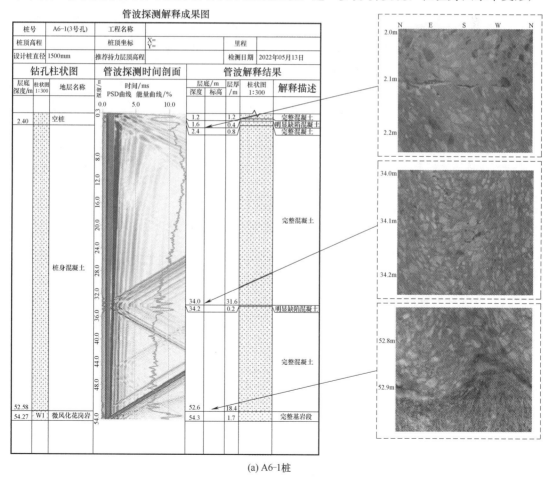

(a) A6-1桩

图 6.3-12 A6 号墩桩基管波法检测结果（一）

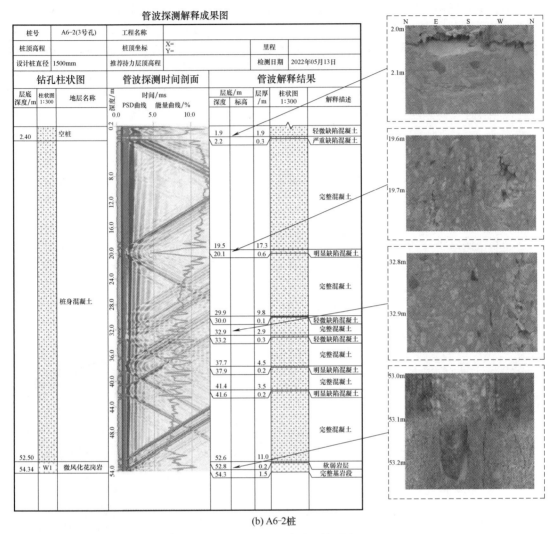

(b) A6-2桩

图 6.3-12　A6 号墩桩基管波法检测结果（二）

生微细裂缝的位置，管波波形并未出现明显异常，仅在部分裂缝相对较大的位置可见较模糊的弯曲波组，且能量降低现象几乎难以判别。由此可见，管波法能够准确识别具有一定宽度的孔旁混凝土裂缝和混凝土浇筑缺陷（如离析、蜂窝麻面和空洞等），但对桩身微细裂缝并不十分敏感。

6.3.4　应用效果评价

本工程是基坑开挖引发邻近既有桩基变形破坏的典型案例，首先采用动刚度法对既有桥梁桩基进行承载性能普查，然后利用钻孔低应变法和跨孔弹性波法检测桩身完整性，最后采用自主研发的既有桩基低净空便携式钻芯设备进行桩基取芯，联合使用钻芯法、孔内摄像法和管波法进行分析验证，实现了对受限空间下既有桩基完整性的全面、精准、高效检测。

第 7 章
既有桩基检测工程案例分析

7.1 案例 1：主城区跨线桥大修旧桩再利用性能检测

7.1.1 工程概况

某预应力混凝土连续箱梁桥因周边地下工程施工扰动出现险情，桥梁大量墩柱整体倾斜并发生沉降，墩身可见环向裂缝并有局部压碎现象，盖梁出现竖向裂缝，梁上支座脱空，目前采取临时加固措施，如图 7.1-1 所示。经检测评定，全桥整体技术状况为 E 级，需拆除既有桥梁并进行重建，考虑部分墩柱下部桩基变形仍未超出允许范围，为降低新建桥梁工程对主城区交通的影响，节约施工工期和建设成本，设计单位拟利用部分旧桥桩基础，需对旧桥既有桩基工程性能进行检测与评估。

图 7.1-1 桥梁临时加固现场照

7.1.2 检测方案

该桥部分墩柱下桩基为摩擦桩，桩长 30.8m～38.4m，桩端位于强风化炭质页岩。部分墩柱下桩基为嵌岩桩，桩长 16.7m～23.8m，桩端进入中风化炭质灰岩或中风化粉砂岩。如图 7.1-2 所示，在旧桥拆除前采用单孔地震波法进行既有桥梁桩基完整性普查，并选取部分桩基进行跨孔弹性波法验证检测，基于两种方法的检测结果和拆桥后钻芯检测结果进行桩基再利用性能综合评估。

根据桥梁桩基结构类型和现场实施条件，选取 2 号～10 号、13 号、15 号、16 号、19 号、20 号、22 号墩共计 25 根旧桩开展桩基再利用性能检测。单孔地震波法和跨孔弹性波法的检测外业工作场景分别见图 7.1-3 和图 7.1-4。通过测试钻孔揭露结果可知，场地岩土层自上到下分别为素填土、粉质黏土、粉细砂、强风化炭质灰岩、强风化粉砂岩、破碎中风化炭质灰岩、破碎中风化粉砂岩、中风化炭质灰岩，场地地层岩性和起伏变化均十分明显。

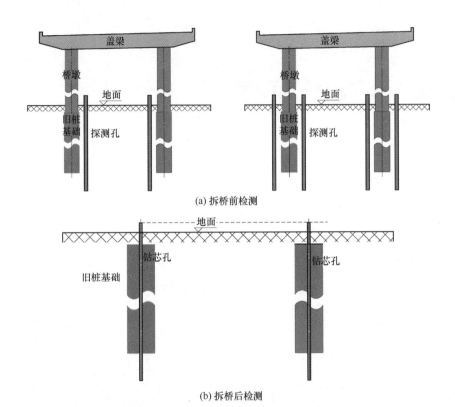

图 7.1-2 桥梁旧桩检测方法示意图

图 7.1-3 单孔地震波法检测工作场景

图 7.1-4　跨孔弹性波法检测工作场景

7.1.3　结果分析与讨论

综合单孔地震波法和跨孔弹性波法检测结果判别发现，该桥北侧方向桥墩桩基的桩身波形规则、波速正常，桩基整体状况良好，个别位置存在轻微缺陷。按照既有桩完整性评定准则，4-2桩基、5-1桩基、7-1桩基、7-2桩基完整性类别为Ⅰ类；2-1桩基、3-1桩基、4-1桩基、5-2桩基、6-1桩基、8-1桩基、8-2桩基完整性类别为Ⅱ类。该桥南侧方向桥墩桩基的桩身波形不规则且波速偏低，桩基普遍存在严重缺陷。13-2桩基、15-1桩基、16-1桩基完整性类别为Ⅲ类；19-1桩基、20-1桩基、22-1桩基完整性类别为Ⅳ类。以下选取部分典型桥墩桩基测试数据进行分析。

图 7.1-5 为采用跨孔弹性波法获得的 5 根嵌岩桩速度剖面图例，将该检测结果与单孔地震波法结果一并列于表 7.1-1。不难看出，两种方法的检测结果具有较好的一致性。对于Ⅰ类桩，如 7-2 桩基，桩身中段波速剖面速度分布特征规则，连续性好，排除低速地层影响基本不存在明显

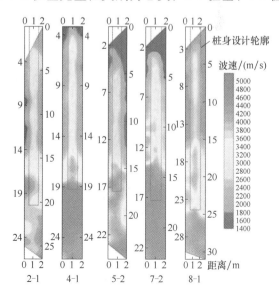

图 7.1-5　嵌岩桩跨孔弹性波法测试图像

低波速异常。端承桩桩端入岩段整体波速随深度增加抬升连续且明显。对于Ⅱ类桩,桩身中段波速剖面分布特征基本连续规则,存在个别低波速异常。端承桩桩端入岩段波速随深度增加抬升基本连续,个别波速偏低导致停滞中断,对应个别低波速异常。桩底与桩底持力层的结合情况主要根据持力层深度前后桩身速度分布连续性推断,例如4-1桩基,在波速剖面中心位置17.8m处出现波速偏低断层,可判定桩底与持力层的结合存在缺陷。此外,通过桩底沉渣所致的低波速特征可推断桩基深度。如7-2桩基,埋深17.0m附近桩身混凝土存在轻微缺陷,波速略微下降,形成较小低波速异常,但不明显,与桩基施工深度17.4m相符,判断为桩底沉渣所致低波速异常。

典型嵌岩桩检测结果对比　　表 7.1-1

桩基编号	完整性类别	单孔地震波法评判结果	跨孔弹性波法评判结果
2-1	Ⅱ	深度12.6m处存在疑似轻微缺陷;基桩嵌入基岩	深度11.2m～13.4m处剖面左侧波速偏低,存在疑似轻微缺陷;基桩于15.0m嵌入基岩
4-1	Ⅱ	桩底与持力层结合存在疑似缺陷;基桩嵌入基岩	桩身完整,未见缺陷;17.8m处剖面中心存在波速偏低区域,疑似在桩底与持力层结合存在轻微缺陷。基桩于19.0m嵌入基岩
5-2	Ⅱ	深度12.6m处存在疑似轻微缺陷;基桩嵌入基岩	深度9.0m～12.6m处剖面右侧波速偏低,存在疑似轻微缺陷;基桩于15.0m嵌入基岩
7-2	Ⅰ	桩身完整,未见缺陷;基桩嵌入基岩	桩身完整,未见缺陷;基桩于15.0m嵌入基岩
8-1	Ⅱ	深度23.8m处存在疑似轻微缺陷	深度22.0m～23.8m处剖面左侧波速偏低,存在疑似轻微缺陷;基桩未嵌入基岩

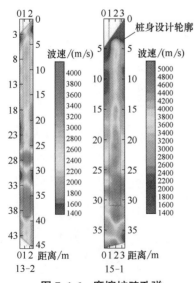

图 7.1-6　摩擦桩跨孔弹性波法测试图像

图 7.1-6 为采用跨孔弹性波法获得的2根摩擦桩速度剖面图例,将该检测结果与单孔地震波法结果一并列于表 7.1-2。可以看出,摩擦桩的跨孔弹性波CT图像与嵌岩桩有明显不同。摩擦桩桩端以两侧低波速异常为标志特征,但以此作为判断时需要考虑地层性质的影响。13-2桩基在深度 28.0m～30.0m 处整体剖面波速下降明显,疑似桩底位置,亦有可能是受到 30.0m～34.7m 段强风化低速地层影响所致,而在桩基施工深度39.1m处两侧的低速异常亦可作摩擦桩桩端特征,有待进一步甄别判断。另外,当桩基完整性差时,跨孔弹性波法测试图像波速剖面连续性差,存在畸变,桩身中段出现若干个明显的低波速异常。

典型摩擦桩检测结果对比　　　　　　　　　表 7.1-2

桩基编号	完整性类别	单孔地震波法评判结果	跨孔弹性波法评判结果
13-2	Ⅲ	深度 16.0m 处存在疑似轻微缺陷；深度 23.0m～24.0m 范围存在疑似缺陷；深度 28.2m 处波列拐点明显，疑似桩底位置	深度 17.0m～20.0m 处剖面右侧波速偏低；深度 20.0m～25.0m 处剖面左侧波速偏低；判定上述区域存在疑似轻微缺陷。深度 28.0m～30.0m 处整体剖面波速下降明显，疑似桩底位置
15-1	Ⅲ	深度 4.0m～6.0m 范围存在疑似缺陷；深度 13.8m～15.0m 范围存在疑似缺陷；深度 26.2m～29.0m 范围存在疑似缺陷	深度 5.0m～6.0m 处剖面左侧波速偏低；深度 26.2m～27.4m 处剖面左侧波速偏低；判定上述区域存在疑似缺陷

该桥上部结构拆除后，采用钻芯和管波等方法进行再利用桩基完整性验证，桩身完整性评定结果与拆桥前无损检测结论总体一致，评定为Ⅰ类和Ⅱ类的灌注桩大部分桩身混凝土浇筑质量良好，仅个别部位存在混凝土离析和蜂窝麻面缺陷，桩端岩层总体状况较好（图 7.1-7）。评定为Ⅲ类和Ⅳ类的灌注桩存在桩身断裂、混凝土严重离析和桩端岩层破碎的情况（图 7.1-8）。

图 7.1-7　Ⅰ类、Ⅱ类桩混凝土芯样照片

7.1.4　应用效果评价

该工程在拆桥前联合采用单孔地震波法和跨孔弹性波法进行既有桩基技术状况检测和评定，为旧桥桩基再利用提供了可靠依据。该跨线立交桥北侧 2 号～8 号桥墩桩基桩身完整或存在轻微缺陷，总体技术状况良好，基本满足桩基再利用要求，估算节约新桥建设费用 500 万元，缩短工期 45 天，显著降低了对城市交通和周边环境的不利影响。

图 7.1-8 Ⅲ类、Ⅳ类桩混凝土芯样照片

7.2 案例 2：跨线桥拓宽工程既有桩基专项检测

7.2.1 工程概况

广州某跨线桥已投入运营三十余年，桥梁全长 1071m，上跨北环高速（图 7.2-1）。上部结构两端引桥为 16m 钢筋混凝土简支 T 梁结构，主桥为钢筋混凝土等高度连续 T 梁，下部结构为浆砌片石重力式桥台，三柱式墩和桩基础。1 号～6 号桥墩桩基自桥梁竣工至邻近地铁车站基坑进场施工前，出现较明显的历史沉降，其中 2 号桥墩桩基沉降达

(a) 航拍图

(b) 近景图

图 7.2-1 广州某跨线桥拓宽工程现场照片

162mm，相对 1 号桥墩（沉降 69mm）及 3 号桥墩（沉降 13mm）差异沉降明显。至桥梁拓宽工程施工前，2 号桥墩桩基监测的累计沉降最大值已超过 200mm。

现场检测发现，桥梁上部主梁结构多处可见混凝土开裂和剥落等病害，现场已采取临时加固措施，如图 7.2-2 所示。鉴于该桥设计荷载偏低，桥梁技术状况差，并且桥梁拓宽工程和南侧邻近地铁车站工程对旧桥影响大，为掌握旧桥桩基础的工作状况，本项目提出采用单孔地震波法进行既有桩基完整性检测，并结合桩基设计、施工和地勘等资料进行桥梁桩基承载性能综合评估。

(a) 梁体混凝土剥落　　　　　(b) 梁体混凝土开裂　　　　　(c) 桥梁临时加固措施

图 7.2-2　桥梁结构病害和临时加固照片

7.2.2　检测方案

现场首先采用工程地质钻探法调查桥桩所在位置地层情况，为桩基竖向承载力评估提供计算参数。受加固钢管柱遮挡影响，三个钻孔（编号：ZK-1、ZK-2、ZK-3）与受检桥桩的最近距离为 1.6m，各测试钻孔深度超过预估桩底深度 10m。图 7.2-3 为 2 号墩柱现场钻孔位置示意图。由于 2 号桥墩位置作业空间净高不足 3m，采用自主研发的低净空钻机进行钻芯，解决了梁底作业净空受限的难题。

图 7.2-3　桥梁 2 号墩桩基测试孔位置

测试钻孔完成后，采用单孔地震波方法进行桩基长度和完整性检测。为对比不同激振方式对测试信号的影响，在现场采用墩柱侧面横敲、墩柱侧支架竖敲、盖梁向上纵敲等激振方式，如图 7.2-4 所示。

(a) 横敲　　　　　　　　　(b) 竖敲　　　　　　　　　(c) 上敲

图 7.2-4　墩柱结构激振方式

7.2.3　结果分析与讨论

综合场地地勘报告和现场取芯结果可知，地层起伏较大，自上而下主要为杂填土、淤泥、粉质黏土和粗～砾砂，往下为强风化～微风化灰岩，普遍见有溶洞发育。图 7.2-5 为根据本工程钻孔数据绘制的 2 号桥墩位置场地工程地质断面图。旧桥结构安全评估报告给出了沿该桥（旧桥）钻孔绘制的场地工程地质平面图，如图 7.2-6 所示。综合分析地铁车站基坑岩土工程勘察资料和桥梁周边工程地质情况可知，桥梁所在场地岩土层起伏较大，淤泥质土层及粉质黏土层较厚，存在一定厚度的砂砾、粗砂、粉细砂等较强透水性土层，

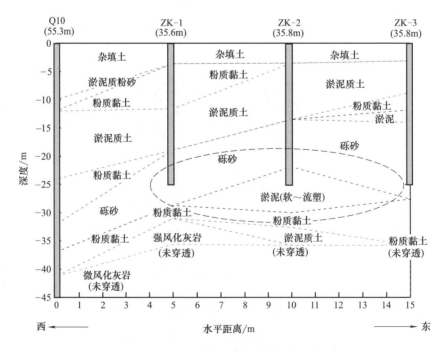

图 7.2-5　2 号桥墩位置场地工程地质断面图（线路横向）

下卧岩层为灰岩。在桥梁的小桩号端（0号～4号桥墩）场地位置，岩面起伏较大，2号墩桩基底部存在凹槽，可能存在较为发育的溶洞，对深基坑开挖及降水等活动诱发桥梁结构及地面沉降控制不利。

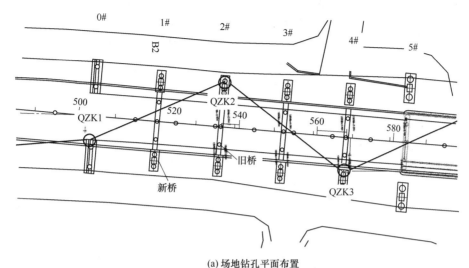

(a) 场地钻孔平面布置

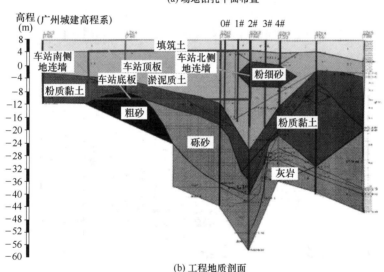

(b) 工程地质剖面

图 7.2-6 桥梁小桩号端工程地质示意图（线路纵向）

图7.2-7为桥梁2号墩3根桩基纵向激振获得的单孔地震波时深曲线。以P2-1桩基为例进行分析，桩身视速度约为3600m/s，桩身整体未见明显缺陷。地表浅部深度范围内水听器耦合不佳，干扰较大。埋深-18m～-10.5m处的地震波初至时间明显降低，对照ZK-1钻孔揭露的岩土体分层情况可知，该处的波速降低是由桩身所处的软弱土层所致。地震直达波初至时间拐点位于埋深-27.5m处，拐点清晰明显，由于激振距离较大，按平移法进行桩底深度校正，交点处埋深-25m，结合钻芯结果判定该桩为摩擦桩，桩底未入岩，桩顶埋深约为地表以下1.5m～2.0m，桩底埋深-25m与原始设计资料提供的桩长（23m）基本相符。P2-2桩和P2-3桩测试结果分析与P2-1桩类似，不再赘述。需要指出的是，P2-2桩因土层扰动塌孔，导致测试钻孔深度未到达预定埋深，但测试孔自地表往下

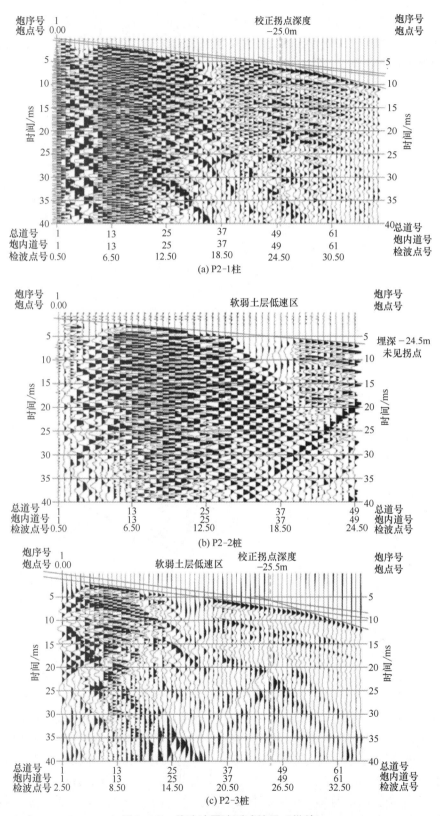

图 7.2-7 单孔地震波测试结果（纵敲）

至孔底位置（埋深－24.5m）地震直达波初至时间无清晰拐点，可推断该桩桩底埋深超过该深度位置。

图 7.2-8 给出了横向激振得到的 P2-2 桩和 P2-3 桩单孔地震波时深关系曲线。与图 7.2-7 结果比较后不难发现，横敲时向下传递的 P 波能量不如 S 波大，导致水听器接收的初至 P 波振幅较后到达的 S 波偏小，通过初至时间曲线判别桩长和完整性难度增大，当采取纵敲（盖梁上敲、支架竖敲）方式时首波初至时间和振幅更加清晰，这与纵敲主要产生 P 波成分关系密切。

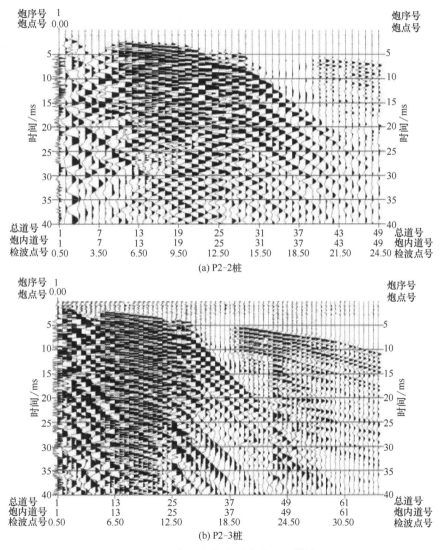

图 7.2-8 单孔地震波测试结果（横敲）

由上述分析可知，旧桥 2 号桥墩桩基均未发现明显桩身结构缺陷，桩侧和桩底均为软弱土层，桩端未进入坚硬持力层，承载类型属于摩擦桩。2 号墩桩基顶部系梁埋深 1m，系梁高 1m，桩长取 23m。按照《公路桥涵地基与基础设计规范》JTG 3363—2019 的规定，综合利用拓宽工程勘察资料、桥梁桩基设计施工资料和场地地质钻探资料对既有桩基承载力进行验算，计算结果见表7.2-1。

桩基承载力计算结果对比　　　　　　　　　　　表 7.2-1

桥桩编号	位置	原设计承载力(kN)	计算容许承载力(kN)	承载力降低率(%)
P2-1	西侧	1972	2168	—
P2-2	中部	1972	1458	26
P2-3	东侧	1972	2340	—

注：2号墩柱基础采用钻孔灌注桩，桩径1m，桩长23m。

由该表可以看出，P2-1桩、P2-3桩计算承载力满足设计承载力要求；受场地地层起伏因素影响，P2-2桩计算承载力比设计承载力偏低26%，实际承载能力不满足要求。

7.2.4 应用效果评价

由桥梁桩基工作状况专项检测与桥梁结构变形监测数据综合分析可知，旧桥2号桥墩桩基未见明显桩身结构缺陷，检测桩长与原设计情况基本相符，桩底持力层为软弱土，其力学性质较差，属典型摩擦桩基。桩基竖向承载力验算结果表明，2号桥墩P2-1桩、P2-3桩承载力计算值满足原设计承载力要求，P2-2桩承载力计算值比原设计值低26%，桩基承载力安全度不足。场地普遍存在较厚的软弱土层，南侧引桥0号~4号桥墩所位置土层下方岩面呈起伏较大的凹槽状，桩周岩土体强度和刚度在竖向分布极不均匀，不利于桩基发挥竖向承载力和抵抗沉降，这就解释了桥梁自竣工至今为何产生较明显的工后差异沉降。

7.3 案例3：厂房建筑既有桩基验收检测

7.3.1 工程概况

某资源热力电厂二期工程及配套设施项目分为A、C、D三个区。其中A区为垃圾焚烧厂及配套，C区为污水处理厂，D区为炉渣综合处理厂房。垃圾焚烧厂主厂房区域采用混凝土灌注桩，焚烧厂附属建筑、污水处理厂、炉渣综合处理厂房、后勤保障楼等建筑采用预制管桩。因工程验收需要，选取部分建筑既有桩基进行桩长检测。

7.3.2 检测实施情况

根据设计资料和现场调查情况，工程采用单孔地震波法和孔内摄像法对管桩桩长进行检测。在A区、C区抽选6根管桩进行单孔地震波法检测，其中A区抽选4根桩、C区抽选2根桩。其中，2根管桩同时进行钻芯法和孔内摄像法检测对比验证。抽选位置及抽选桩号见表7.3-1。

厂房既有管桩基础长度现场检测场景见图7.3-1。通过测试钻孔揭露的场地岩土体主要包括素填土、淤泥、淤泥质土、中粗砂、砂质黏性土、强风化~微风化花岗岩，表7.3-2给出了钻孔YK-8揭露的岩土体分层情况。图7.3-2为现场钻孔取得的岩土芯样照片和地层柱状图。

抽检管桩情况汇总表　　　　　　　　　　　表 7.3-1

施工区域	桩号	桩入土深度(m)	记录桩长(m)	备注
A区	18-58	50.15	48.15	采用单孔地震波法和管桩中心孔内摄像法
A区	18-54	49.75	47.75	
A区	18-41	49.15	47.15	
A区	ZHS-11	50.65	49.55	采用单孔地震波法
C区	8-698	50.15	49.35	
C区	8-729	49.95	49.35	

图 7.3-1　既有厂房桩基现场检测照片

本次管桩旁钻探 6 孔揭露的岩土层自上而下主要包括素填土、淤泥、淤泥质土、中粗砂、砂质黏性土、强风化花岗岩、中风化花岗岩、微风化花岗岩。

 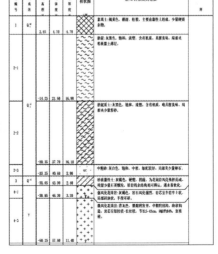

(a) 钻孔芯样图　　　　　　　　　(b) 钻孔地层柱状图

图 7.3-2　岩土芯样照片和地层柱状图

7.3.3　结果分析与讨论

图 7.3-3 为 6 根桩基的单孔地震波法检测波列图。结合钻孔揭露的地质情况，各管桩

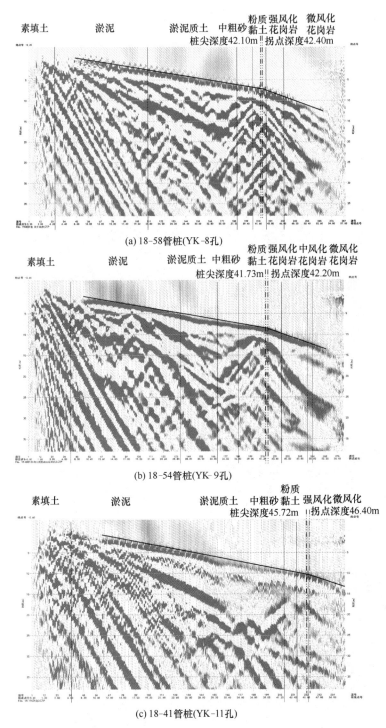

图 7.3-3　管桩基础单孔地震波测试波列图（一）

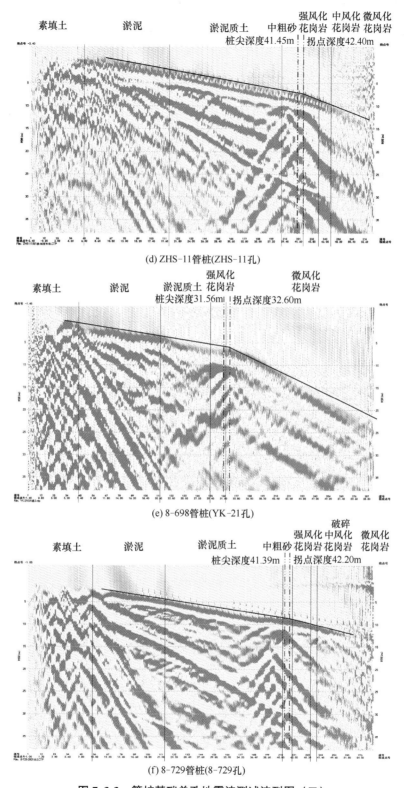

图 7.3-3 管桩基础单孔地震波测试波列图（二）

长度检测结果分析如下：

（1）18-58 管桩：桩身视速度约 4554m/s。受浅部不均匀杂填土干扰，测试孔旁岩土层透水性大，水听器耦合效果不佳影响，浅部深度范围内地震波初至时间较长，波形存在突变情况。地震直达波初至时间拐点位于测试管埋深 42.40m 处，拐点清晰明显。考虑桩孔间距的影响，按平移法进行桩底深度校正，拐点处修正后桩底埋深为 42.08m，桩顶与测试管管口高差 0.80m，推算管桩长度为 41.28m。采用管桩中心钻孔和孔内摄像法检测的管桩长度为 40.83m，检测结果与单孔地震波法比较接近。

（2）18-54 管桩：桩身视速度约 4256m/s。浅部深度范围内地震波形存在类似突变情况。地震直达波初至时间拐点位于测试管埋深 42.20m 处，拐点清晰明显。桩底深度校正后桩底埋深为 41.65m，桩顶与测试管管口高差 1.45m，推算管桩长度为 40.20m。采用管桩中心钻孔和孔内摄像法检测的管桩长度为 40.49m，检测结果与单孔地震波法十分接近。

（3）18-41 管桩：桩身视速度约 3785m/s。浅部深度范围内地震波形存在类似突变情况。地震直达波初至时间拐点位于测试管埋深 46.20m 处，拐点清晰明显。桩底深度校正后桩底埋深为 45.64m，桩顶与测试管管口高差 1.20m，推算管桩长度为 44.44m。

（4）ZHS-11 管桩：桩身视速度约 4385m/s。浅部深度范围内地震波形存在类似突变情况。地震直达波初至时间拐点位于测试管埋深 42.40m 处，拐点清晰明显。桩底深度校正后桩底埋深为 41.54m，桩顶与测试管管口高差 0.63m，推算管桩长度为 40.91m。

（5）8-698 管桩：桩身视速度约 3758m/s。浅部深度范围内地震波形存在类似突变情况。地震直达波初至时间拐点位于测试管埋深 33.80m 处，拐点清晰明显。桩底深度校正后桩底埋深为 32.78m，桩顶与测试管管口高差 1.45m，推算管桩长度为 31.33m。

（6）8-729 管桩：桩身视速度约 4353m/s。浅部深度范围内地震波形存在类似突变情况。地震直达波初至时间拐点位于测试管埋深 42.20m 处，拐点清晰明显。桩底深度校正后桩底埋深为 41.04m，桩顶与测试管管口高差 1.45m，推算管桩长度为 39.59m。

7.3.4 应用效果评价

本工程采用单孔地震波法对厂房建筑既有管桩的桩长进行抽样检测，同时进行管桩中心孔内摄像法检测，两种方法的检测结果具有很好的一致性，满足桩长检测验收精度要求。

7.4 案例4：地铁下穿区域老旧建筑既有桩基检测

7.4.1 工程概况

广州市轨道交通 12 号线下穿越秀区某中学行政楼（图 7.4-1）。由于该学校行政楼建于 20 世纪 50 年代，仅有部分桩基资料留存，其中桩基长度资料已缺失，导致下穿地铁施工存在较大安全风险。因此，本工程采用单孔地震波方法对学校行政楼下穿区域受影响的桩基进行既有桩基长度检测。

图 7.4-1 某中学行政楼现状照

7.4.2 检测实施情况

采用工程地质钻探法调查建筑物桩基位置的地层情况，利用单孔地震波法和磁感应法对既有建筑桩基长度进行综合检测。图 7.4-2 为现场检测照片。

(a) 单孔地震波法检测

(b) 磁感应法检测

图 7.4-2 行政楼桩基现场检测照片

本工程既有建筑桩基检测的现场测试钻孔情况汇总于表 7.4-1。

现场钻探情况汇总　　　　　表 7.4-1

钻孔编号	钻孔深度(m)	埋管深度(m)	孔底岩土类型
ZK-1	29.3	28.5	中风化细砂岩
ZK-2	15.9	15.8	微风化砾岩
ZK-3	21.5	21.2	中风化泥质粉砂岩
ZK-4	28.0	27.2	微风化砾岩

综合场地地勘报告和现场取芯结果可知，地层起伏较大，自上而下主要为杂填土、粉质黏土、黏土、全～微风化粉砂岩、砾岩。图 7.4-3 为现场岩土芯样照片和地质勘探钻孔柱状图。

 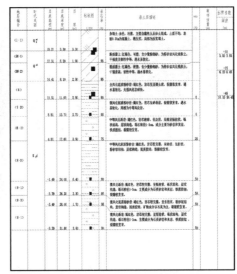

(a) ZK-1孔芯样照(深度:29.3m)　　(b) MLZ3-HJ-16钻孔柱状图(深度:31.8m)

图 7.4-3　场地勘察钻芯和岩土分层数据

7.4.3　结果分析与讨论

采用单孔地震波法进行既有桩基长度检测，地震波波形曲线如图 7.4-4 所示。各桩检测结果汇总如下：

（1）1 号桩桩底埋深 9.8m，桩身视速度为 4000m/s，桩端土层视速度为 1900m/s，桩端位于黏土层中。

（2）2 号桩桩底埋深 8.5m，桩身视速度为 4000m/s，桩端土层视速度为 1450m/s，桩端位于黏土层中。

（3）3 号桩桩底埋深 8.6m，桩身视速度为 4500m/s，桩端土层视速度为 1800m/s，桩端位于全风化泥质粉砂岩中。

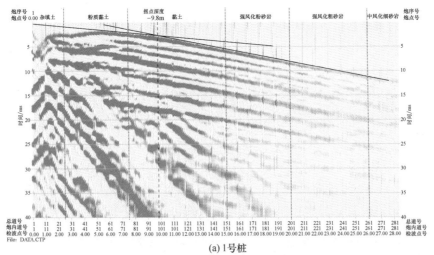

(a) 1号桩

图 7.4-4　行政楼 1 号～4 号桩基单孔地震波法测试曲线（一）

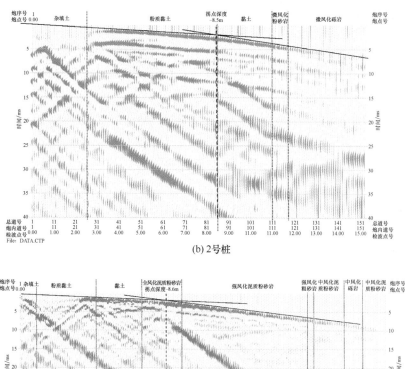

图 7.4-4 行政楼 1 号~4 号桩基单孔地震波法测试曲线(二)

(4) 4 号桩桩底埋深 12.4m,桩身视速度为 3200m/s,桩端土层视速度为 1750m/s,桩端位于黏土层中。

磁感应法检测结果与单孔地震波法桩长结果基本一致,两种方法的埋深偏差小于 0.5m。

7.4.4 应用效果评价

本工程联合采用单孔地震波法和磁感应法对既有建筑下部桩基埋深进行检测,证实了两种方法用于桩长评估具有较好的探测精度,为解决地铁隧道下穿既有建筑未知基础埋深检测的难题提供了可靠的方法。

参 考 文 献

[1] 刘世明. 桥梁桩基检测技术与实例分析 [M]. 北京：中国水利水电出版社，2016.
[2] 韩亮. 基桩声波反射法检测新技术及其应用 [J]. 工程力学，2007，24（S1）：141-145.
[3] 张杰，沈霄云，刘明贵. 智能化桩超声波CT检测系统研究 [J]. 岩土力学，2009，30（4）：1197-1200.
[4] 赵阳. 便携式超声透射法灌注桩检测系统设计与实现 [D]. 长沙：中南大学，2013.
[5] 孟新秋，马健，苗瑞. 声波透射法桩基检测缺陷范围确定方法研究 [J]. 工程勘察，2017，45（6）：74-78.
[6] 张宏，鲍树峰，马晔. 大直径超长桩桩身缺陷的超声波透射法检测研究 [J]. 公路，2007，（3）：69-72.
[7] 王昆伟，刘江平. 深厚淤泥地区基桩低应变检测若干问题探析 [J]. 西安建筑科技大学学报（自然科学版），2013，45（3）：408-415.
[8] 丁选明，范玉明，刘汉龙，等. 现浇X形桩低应变动力检测足尺模型试验研究 [J]. 岩石力学与工程学报，2017，36（S2）：4290-4296.
[9] 陈久照，温振统，李廷，等. 高应变动力试桩中重锤-桩-岩土冲击响应的理论研究 [J]. 土木工程学报，2007，40（5）：53-60.
[10] 涂园，王奎华，邱欣晨，等. 高应变条件下的离散单元虚土桩模型 [J]. 岩石力学与工程学报，2021，40（8）：1687-1701.
[11] 吴波. 超声波透射法检测灌注桩桩身质量研究 [D]. 上海：同济大学，2008.
[12] 杨永亮. 超声波透射法在桩基完整性检测中的应用 [D]. 武汉：武汉理工大学，2012.
[13] 刘冀. 桩基检测技术的综合应用 [D]. 长沙：中南大学，2011.
[14] 孙国，顾元宪. 基于结构动力修改的桩基检测方法 [J]. 计算力学学报，2004，（6）：688-692.
[15] 郭健，王元汉，苗雨. 基于MPSO的RBF耦合算法的桩基动测参数辨识 [J]. 岩土力学，2008（5）：1205-1209.
[16] 雷正保，李梦尝. 基于虚拟仪器的桩基动力学模型参数识别系统 [J]. 长沙理工大学学报（自然科学版），2021，18（3）：16-23.
[17] 雷正保，邢欢，孙汉正. 桩基动力学模型参数反演识别方法 [J]. 长沙理工大学学报（自然科学版），2021，18（1）：87-94.
[18] 蒋泽汉. 机械阻抗法在建筑物基桩无损检验中的应用 [J]. 振动与冲击，1984，（3）：62-68.
[19] 蒋泽汉. 机械阻抗法无破损检验桩基础质量 [J]. 长安大学学报（自然科学版），1984，（1）：108-122.
[20] 刘德志. 声波透射法准确判定桩身完整性的应用研究 [D]. 兰州：兰州交通大学，2012.
[21] 朴春德，施斌，魏广庆，等. 分布式光纤传感技术在钻孔灌注桩检测中的应用 [J]. 岩土工程学报，2008，30（7）：976-981.
[22] 刘建磊，马蒙，张勇，等. 桩基承载力与其动刚度的关系 [J]. 铁道建筑，2015，（5）：43-46.
[23] 刘建磊，贺相林，张勇，等. 桥墩高度对群桩承台系统动刚度的影响分析 [J]. 铁道建筑，2019，59（7）：5-7+36.
[24] LIAO S T, TONG J H, CHEN C H, et al. Numerical simulation and experimental study of parallel seismic test for piles [J]. International Journal of Solids and Structures, 2006, 43 (7-8): 2279-2298.
[25] 黄大治，陈龙珠. 旁孔透射波法检测既有建筑物桩基的三维有限元分析 [J]. 岩土力学，2008，29（6）：1569-1574.
[26] NI S H, HUANG Y H, ZHOU X M, et al. Inclination correction of the parallel seismic test for pile length detection [J]. Computers and Geotechnics, 2011, 38 (2) 2: 127-132.
[27] 何剑. 泥岩地基中灌注桩竖向承载性状试验研究 [J]. 岩石力学与工程学报，2002，21（10）：1573-1577.
[28] 张敬一，陈智芳. 旁孔透射波法确定桩底深度方法对比研究 [J]. 地下空间与工程学报，2018，14（5）：1331-1337.
[29] SACK D A, SLAUGHTER S H, OLSON L D. Combined measurement of unknown foundation depths and soil properties with nondestructive evaluation methods [J]. Transportation Research Record, 2004, 1868: 76-80.

[30] LO K F, NI S H, HUANG Y H, et al. Measurement of unknown bridge foundation depth by parallel seismic method [J]. Experimental Techniques, 2009, 33 (1): 23-27.

[31] 李素华, 吴世明, 刘忠孝. 工程桩质量检测技术中的若干问题探讨 [J]. 岩石力学与工程学报, 2002, 22 (1): 133-135.

[32] HUANG Y H, NI S H. Experimental study for the evaluation of stress wave approaches on a group pile foundation [J]. Nondestructive Testing and Evaluation International, 2012, 47: 134-143.

[33] 杜烨, 陈龙珠, 张敬一, 等. 缺陷桩的旁孔透射波法检测分析原理 [J]. 上海交通大学学报, 2013, 47 (10): 1562-1568.

[34] 吴君涛, 王奎华, 刘鑫, 等. 缺陷桩周围成层土振动响应解析解及其在旁孔透射波法中的应用 [J]. 岩石力学与工程学报, 2019, 38 (1): 203-216.

[35] DE GROOT P H. The Parallel Seismic detection of defects in pile foundations [D]. Delft: Technische Universiteit Delft, 2014.

[36] 刘建磊, 马蒙, 李林杰, 等. 基于实测动刚度的桥桩承载能力评估研究 [J]. 岩土力学, 2015, 36 (S2): 571-576.

[37] NIEDERLEITHINGER E. Improvement and extension of the parallel seismic method for foundation depth measurement [J]. Soils and Foundations, 2012, 52 (6): 1093-1101.

[38] 张卓伟, 杨军, 郭欣, 等. 一种可监测钻芯工况的地质钻机: 201920918600.4 [P]. 2020.

[39] 吴建良, 杨军, 孙晓立, 等. 图像采集装置的标定参数获取方法及钻孔成像方法: 202211359836.1 [P]. 2023.

[40] 林梁, 黄真萍. 混凝土灌注桩的跨孔超声波检测方法研究 [J]. 岩土力学, 2005, 26 (S1): 99-101.

[41] 钟会生. 基于声波透射法的灌注桩检测技术应用改进研究 [D]. 西安: 西安建筑科技大学, 2011.

[42] 韩亮. 渤海钻井平台桩基工程打入桩波动分析及其设计方法 [D]. 北京: 中国地质大学, 2007.

[43] 江礼茂, 寇绍全, 陆岳屏. 一个以波动理论为基础计算单桩承载力的计算机程序 [J]. 岩土工程学报, 1990 (4): 42-48.

[44] 周满兵. 桩基低应变检测资料的定量分析 [D]. 合肥: 合肥工业大学, 2010.

[45] LIAO S T, ROESSET J M. Dynamic response of intact piles to impulse loads [J]. International Journal for Numerical and Analytical Methods in Geomechanics, 1997, 21: 255-275.

[46] 李浩. 承台-桩低应变动测研究 [D]. 合肥: 合肥工业大学, 2012.

[47] CHOW Y K, PHOON K K, CHOW W F, et al. Low strain integrity testing of plies: three-dimensionsal effect [J]. Journal of Geotechnical and Geoenvironmental Engineering, 2003, 129 (11): 1057-1062.

[48] YANG D Y, WANG K H, ZHANG Z Q, et al. Vertical dynamic response of pile in a radially heterogeneous soil layer [J]. International Journal for Numerical and Analytical Methods in Geomechanics, 2009, 33: 1039-1054.

[49] DING X M, LIU H L, LIU J Y, et al. Wave propagation in a pipe pile for low strain integrity testing [J]. Journal of Engineering Mechanics, 2011, 137 (9): 598-609.

[50] DING X M, LIU H L, ZHANG B. High-frequency interference in low strain integrity testing of large-diameter pipe piles [J]. Science China Technological Sciences, 2011, 54 (2): 420-430.

[51] 郑长杰, 丁选明, 刘汉龙, 等. 考虑土体三维波动效应的现浇大直径管桩纵向振动响应解析解 [J]. 岩土工程学报, 2013, 35 (12): 2247-2254.

[52] 费康, 刘汉龙, 张霆. PCC桩低应变检测中的三维效应 [J]. 岩土力学, 2007, 28 (6): 1095-1102.

[53] 罗文章. 管桩在低应变瞬态集中荷载作用下的速度响应研究 [D]. 北京: 中国建筑科学研究院, 2002.

[54] LU Z T, WANG Z L, LIU D J. Study on low-strain integrity testing of pipe-pile using the elastodynamic finite integration technique [J]. International Journal for Numerical and Analytical Methods in Geomechanics, 2012, 37 (5): 536-550.

[55] 王雪峰, 吴世明. 材料阻尼对基桩动测曲线的影响, 环境岩土工程理论与实践 [M]. 上海: 同济大学出版社, 2002.

[56] 荣垂强, 赵晓华, 邹宇. 基桩低应变法三维干扰最小点位置的影响因素及确定方法 [J]. 岩土力学, 2016, 37

(6)：1818-1824.

[57] 陈久照，温振统，李廷，等. 高应变动力试桩中重锤-桩-岩土冲击响应的理论研究［J］. 土木工程学报，2007，40（5）：53-60.

[58] 胡新发，柳建新. 基桩低应变检测中波速测不准问题的研究［J］. 岩石力学与工程学报，2013，32（S2）：4183-4189.

[59] 冯天伟. 高应变曲线拟合法在PHC管桩检测中的研究［D］. 福州：福州大学，2014.

[60] SMITH E. Pile-driving analysis by the wave equation［J］. Transactions of the American Society of Civil Engineers，1962，127（1）：1145-1171.

[61] 李廷. 基桩高应变锤桩土相互作用机理及其模拟试验研究［D］. 长沙：中南大学，2010.

[62] 陈凡. FEIPWAPC特征线桩基波动分析程序［J］. 岩土工程学报，1990，12（5）：65-75.

[63] 袁建新，朱国甫. 桩的大应变法波动分析优化算法程序［J］. 岩土工程学报，1990，12（6）：1-11.

[64] 王幼青，张克绪. 桩波动分析土反力模型研究［J］. 岩土工程学报，1994，16（2）：92-97.

[65] 闫澍旺，陈波，禚瑞花. 桩周土体静阻力模型研究及在打桩中的应用［J］. 水利学报，2003，（4）：101-107.

[66] 赵春风，李尚飞，张志勇，等. 高应变测试法中弹限取值的研究及工程应用［J］. 哈尔滨工业大学学报，2011，43（2）：119-124.

[67] 肖春喜. 超声波透射法在检测大直径灌注桩完整性中的应用［J］. 岩土力学，2003，24（S1）：169-171.

[68] 黄克勤. 声波透射法检测模式比较研究［D］. 武汉：华中科技大学，2019.

[69] 黄良机，林奕禧，蔡健，等. 超长PHC管桩桩顶沉降特性的动静对比分析［J］. 岩土力学，2008，29（2）：507-511.

[70] 邢皓枫，赵红崴，叶观宝，等. PHC管桩工程特性分析［J］. 岩土工程学报，2009，31（1）：36-39.

[71] 张杰，沈霄云，刘明贵. 智能化桩基超声波CT检测系统研究［J］. 岩土力学，2009，30（4）：1197-1200.

[72] 冯天伟. 高应变曲线拟合法在PHC管桩检测中的研究［D］. 福州：福州大学，2014.

[73] 林梁，黄真萍. 混凝土灌注桩的跨孔超声波检测方法研究［J］. 岩土力学，2005，26（S1）：99-101.

[74] 周代表. 软土地基超长桩工程性状分析［J］. 岩土力学，2004，25（S1）：87-90.

[75] 杨军，孙晓立，卞德存，等. 基于平行地震波法探测桩基缺陷的试验研究［J］. 岩土力学，2021，42（3）：874-881.